公安部科技强警基础工作专项项目：基于卫星导航欺骗干扰的低空无人机防御技术研究（项目编号：2018GABJC02）；北京市社科基金研究基地项目：京津冀城市群低空无人机管控研究（项目编号：17JDGLB025）阶段成果。

无人机安防应用技术教程
（基础篇）

孙永生　崔　宇　主编

中国人民公安大学出版社

·北　京·

图书在版编目（CIP）数据

无人机安防应用技术教程. 基础篇／孙永生，崔宇主编. —北京：中国人民公安大学出版社，2018.11
ISBN 978 – 7 – 5653 – 3433 – 7

Ⅰ.①无… Ⅱ.①孙…②崔… Ⅲ.①无人驾驶飞机—安全技术—教材 Ⅳ.①V279

中国版本图书馆 CIP 数据核字（2018）第 221921 号

无人机安防应用技术教程（基础篇）

孙永生 崔 宇 主编

出版发行：中国人民公安大学出版社
地　　址：北京市西城区木樨地南里
经　　销：新华书店
邮政编码：100038
印　　刷：北京市科星印刷有限责任公司

版　　次：2018 年 11 月第 1 版
印　　次：2024 年 2 月第 4 次
印　　张：8.25
开　　本：787 毫米×1092 毫米　1/16
字　　数：128 千字

书　　号：ISBN 978 – 7 – 5653 – 3433 – 7
定　　价：36.00 元

网　　址：www.cppsup.com.cn　www.porclub.com.cn
电子邮箱：zbs@cppsup.com　zbs@cppsu.edu.cn

营销中心电话：010 – 83903254
读者服务部电话（门市）：010 – 83903257
警官读者俱乐部电话（网购、邮购）：010 – 83903253
公安业务分社电话：010 – 83905672

无人机安防应用技术教程（基础篇）

编委会

编委会主任：刘道林

主　　　编：孙永生　　崔　宇

副　主　编：金　伟　　苏煜文　　王胤卓

编委会委员：杨金才　　孙嘉栋　　徐华滨　　何文妙

　　　　　　吴　毅　　罗　颖　　徐　明　　吴晓猛

　　　　　　朱林锐　　胡上杰　　李剑钊　　刘　杰

　　　　　　张忠钰　　刘　伟　　陆钟乐　　栾润生

　　　　　　尚　杨　　王钘宇　　冯登超　　沈　哲

　　　　　　李　健　　张明华

前言

中国进入了新时代，人民群众的需求也从最基本的需求转变成更高层次的需求。人民群众需要探索更远、更高的未知世界。无人机产业的发展，充分反映了人民群众对美好生活的向往。

无人机具有智能化程度高、易于操作、造价相对低廉等优点，近年来走进寻常百姓家，为消费者带来新的感受和体验；应用到各行各业，为许多领域带来业务变革和便利。但是，随着无人机的普及和飞速发展，相应的法律法规和管控技术的滞后，暴露出一些严重的安全隐患和管理漏洞。无人机影响机场运行事件频发，甚至被不法分子利用，已经对国家安全、公共安全和个人安全构成了严重的现实威胁。

我们中国低空安全研究中心的主要研究人员于2013年开始关注无人机安全隐患，先后向北京市公安局、中央政法委、公安部递交了研究报告，其中一份报告获得中央领导批示。

我们研究中心一直以来有一个不变的核心观点：无人机作为空中机器人，一是会冲击公安机关传统意义上的"制高点"；二是无人机警务应用将会带来警务方式的变革。

因此，我们研究中心提出新时代民警应有新能力，也就是掌握制高点的能力。民警应充分发挥警用无人机的优势，及时、全面地了解现场情况，同时避免对方掌控高点。

避免对方掌控高点，目前比较难，涉及方方面面，不是警方一家能左右的。我们研究中心发扬武汉公安提出的"敢为人先"的精神，日前出版一本新书《无人机安全管理》，相信能为各地民警提供一些有用的指导。

至于民警掌握制高点，也就是人机协同开展警务工作，目前各地公安机关涌现出一些实战民警。2018 年 1 月 23 日，我们研究中心主办全国警用无人机实战经验交流会，大家分享了很多经典案例。经过此次交流会，我们更加坚信，民警利用无人机掌握制高点，将会大大提升民警的实战能力！

说到此处，我想起一个令人扼腕叹息的案例。2015 年 6 月 8 日晚，河北省肃宁县一村庄发生枪击杀人案。肃宁县公安局政委薛永清在 9 日 5 时抓捕犯罪分子时中弹牺牲。当时，薛政委推断犯罪分子可能藏身在老宅屋顶，于是一手拿枪、一手扶梯子，慢慢往上爬。老宅是平顶房，屋顶四周是砖头垒的围挡，用来晾晒玉米、防止玉米滚落。薛政委刚爬到屋顶围挡，就被犯罪分子持枪击中头部，英勇牺牲。看到媒体报道此案，尤其是其爱人自杀追随薛政委身亡时，我的心中在滴血。痛定思痛，我在想：如果他们有警用无人机，迅速掌控制高点，及时侦查犯罪分子藏身之处，就不会出现这样的结局。

制高点应该由警方掌握，也必须由警方掌握！无人机是空中机器人，具有侦查和打击的功能。警用无人机将会让民警如虎添翼，更好地了解现场情况、更好地分析研判、更好地开展处置行动！

近年来，无人机作为一种新型警用装备在公安机关得到较多应用。2015 年全国只有 500 余架警用无人机，到 2018 年全国公安机关配备各型无人机 6000 余架（套）。警用无人机在警务任务中广泛应用，在追捕逃犯、巡逻搜索、铲毒禁毒、反恐防暴、交通管理、消防灭火、大型活动安保以及社会救援救助任务中发挥了不可替代的作用，成为服务社会、维护社会稳定的重要力量。

实际上，无人机在其他安防领域同样广泛应用并发挥了重要作用。但是，无人机在安防应用过程中，在装备配置、专业人才培养、行业应用等方面均存在诸多问题。如何破解这些难题？研究中心认为应从专业人才培养抓起。因此，我们研究中心联合实战部门部分民警、无人机企业技术人员着手编写《无人机安防应用技术教程（基础篇)》和《无人机安防应用技术教程（提高篇)》。知易行难，在编写和统稿过程中，我们发现存在不少问题。由于编者水平有限，无法在短时间内完善，但最后还是决定抛砖引玉。我们相信这两本书有其意义，可以弥补当前无人机安防应用技术教材的空白；可以推动和深化无人机技术与战术的深度融合；可以促进战法与训法的有机衔接；最关键的是，可以让更多的安防工作者更快地了解无人机安防应用技术，更好地掌控制高点，在保证自身安全的前提下，为国家安全、公共安全作出新的更大的贡献！

中国低空安全研究中心主任
中国无人机产业创新联盟副理事长　孙永生

目　录

第一章　安防无人机

在应对森林防火、禁种铲毒、应急防空、反恐处突等多种作战任务时，警方经常需要在地形复杂、人力难达的区域进行巡查搜捕。传统的巡查搜捕方式有许多弊端，如缺少全局视角、目标定位不够精准、获取信息不够及时等。这些情况通过使用无人机可以得到有效改善。

无人机凭借其操作简便、性能稳定等优势，逐渐成为警方首选的作战工具。警方在执行任务时使用无人机可以减少前期任务布置的时间，增强各警种的协同作战能力，减少人员的伤亡。警用无人机是公安机关在信息化条件下，完成打击罪犯、维护稳定、服务人民等警务工作的杀手锏。

第一节　安全防范的概念

安全就是没有危险、不受侵害、不出事故。防范就是防备、戒备，其中防备是指做好准备以应对攻击或避免受害，戒备是指防备和保护。

通常的安全防范（简称安防）指狭义的安全，是指以维护公共安全为目的，实施的一系列防入侵、防盗窃、防破坏、防爆炸、防火灾和安全检查等措施。显而易见，安全是目的，防范是手段，通过防范的手段达到或实现安全的目的，就是安全防范的基本内涵。

安全防范既是一项公安业务（公安执法部门），又是一项社会公共事业和社会经济事业（社会保安业）。

第二节　安防无人机的概念与分类

一、安防无人机的概念

安防无人机是指用于安防领域的无人驾驶航空器。

二、安防无人机的分类

（一）用途分类

安防无人机按用途分类，可分为警用安防无人机和民用安防无人机。

警用安防无人机为警用无人驾驶航空器（简称警用无人机），是指所有权属于公安机关、用于执行警务、没有机载驾驶员操纵的航空器，不包括航空模型、无人驾驶自由气球和系留气球。

民用安防无人机是指用于社会保安业的无人驾驶航空器。

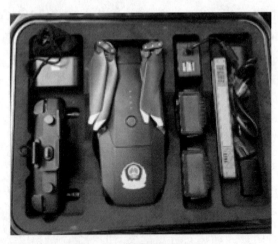

图 1-1　警用单兵无人机

（二）使用级别分类

安防无人机按使用级别分类，可分为单兵无人机和专业无人机。

单兵无人机主要以轻微型无人机为主，主要特点为便携、智能、简单易操作，具有拍摄、录像、数据实时回传等功能。主要配备给基层一线人员，让一线人员随时可以应用空中视角解决日常任务，成为飞行的执法记录仪。

图 1 - 2　单兵无人机

专业无人机主要以轻小型无人机为主，主要特点是模块化设计可搭载多款任务设备，如变焦相机、红外相机、探照灯、喊话器、抛投箱等任务设备，多具有三防功能。配备给专业人员使用，满足多样化实战应用。

图 1 - 3　专业无人机

第二章　无人机安全飞行

为保障无人机的安全飞行，驾驶员必须遵照安全规范进行操作。本章以大疆（DJI）无人机为例，对重点步骤进行讲解。驾驶员在操控新机型前，务必要熟读其产品使用手册，牢记注意事项。

第一节　飞行场地的选择

尽量选择空旷无遮挡的场地起飞。第一，无人机可以获得良好的 GNSS 信号，使无人机定位更加精准。第二，驾驶员可以获得开阔的视野，便于观察无人机飞行。第三，遥控器信号不易受到遮挡，可以获得更远的控制距离。

图 2-1　空旷场地

尽量避免在高层建筑物中间或是有树木等遮挡物的地点起飞。否则无人机将无法获得足够的卫星信号，这将导致无人机无法精准悬停，可能会随风飘移，还会影响返航点的定位精度，增加自动返航时撞上建筑物或者树木的风险。另外，起飞时尽量避免在楼顶或桥梁等由钢筋混凝土构成的平面起飞，因为指南针容易受到干扰。如果无法规避，可以尝试把无人机架高悬空。

图 2 – 2　楼顶

第二节　飞行空域的选择

无人机的飞行路线要远离建筑物、信号塔、变电站等。因为室内Wi – Fi 等无线设备越来越多，无人机靠近建筑物时容易受到信号干扰，从而造成无人机失控。又由于建筑物多为钢筋混凝土结构，容易对无人机的指南针造成干扰。无人机在多重干扰下极易发生失控、撞击等事故。

图 2 – 3　电视塔

严禁在人群密集的场地上空飞行，注意避开鸟类、风筝等空中物体。无人机坠落的冲击力和螺旋桨切割都可造成严重事故。即便无人机配置了视觉避障功能也不能掉以轻心。首先，无人机在不同的光线条件下或处于不同的飞行速度时，躲避障碍物的能力会有波动。其次，对于不易观察的风筝线、电线、树枝，以及透明玻璃等，无人机难以进行检测识别。因此，驾驶员在飞行时一定要注意观察飞行环境，而不应过分依赖视觉避障系统。

图 2-4 避障

第三节 起飞前的检查调试

一、通电前检查

通电前应检查无人机以及其配套设备状态。检查无人机电池及遥控器电池电量是否充足。检查螺旋桨是否正确安装，同一台无人机安装有两种螺旋桨，一种为顺时针旋转（黑色），另一种为逆时针旋转（银色），必须正确匹配螺旋桨和电机，否则无人机在起飞时会发生侧翻。

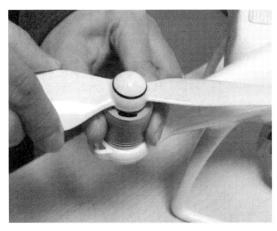

图 2-5　安装螺旋桨

二、通电后检查

把无人机放置在平坦的地面上，先开启遥控器电源，再开启无人机电源。注意顺序不能颠倒。

通电后查看 APP 是否有异常提醒，注意校准指南针。检查遥控器模式，遥控器模式错误会导致严重事故。设置返航高度时要注意，返航高度要高于航线上最高的建筑物。出于安全考虑，以防操作不慎致使无人机飞远，驾驶员可以主动在 APP 中设置限制飞行距离和飞行高度。建议新手驾驶员时刻保持无人机在视距范围内飞行，飞行高度不要超过 120 米。

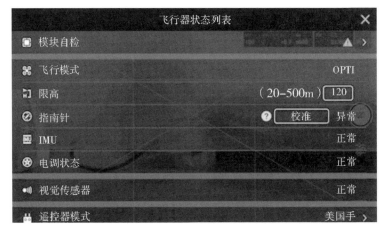

图 2-6　校准指南针

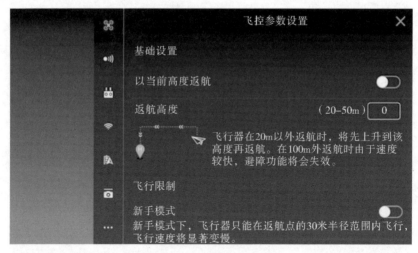

图 2-7 设置返航高度

　　查看卫星信号情况，建议卫星数不低于 10 颗。查看连接信号情况，信号不低于 4 格。充足稳定的卫星信号，可以确保无人机安全稳定地飞行，也是使用智能返航等功能的前提。

图 2-8 DJI GO 界面说明

若无人机返航时为逆风飞行，建议把低电量报警电压阈值提高。

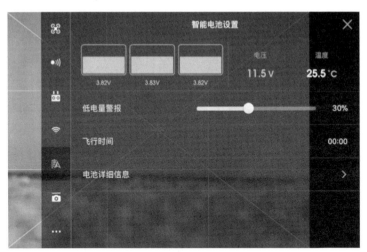

图 2-9　低电量报警

第四节　飞行注意事项

驾驶员在无人机后方进行操作，无人机对尾起飞，先让无人机在低空悬停，观察飞行姿态是否正常，确认无异常情况后，方可开始飞行任务。

飞行时保持关注电池电量，要预留足够的电量返航。需要注意的是，在不同风速条件下，无人机的飞行速度和耗电量会存在较大差异。逆风返航时要多预留一些电量。在冬季应注意环境温度是否适宜飞行，电池电芯温度至少要达到20℃，确保电池动力正常再开始飞行。

图 2-10　电池保温帖

禁止暴力操作，否则容易引发飞行意外。操作遥控器时要避免快速地把摇杆打到极限位置。摇杆的杆量与无人机的飞行加速度成正比，杆量越小无人机的加速度就越小，得到的飞行速度也小。强烈建议飞行时要缓慢推杆，小杆量飞行。如在飞行过程中发生紧急情况，要保持冷静，切勿胡乱打杆。

在飞行过程中，特别是当无人机在视距外时，应避免向后倒退飞行。此时飞行环境难以预料，很容易撞上未知障碍物。

飞行时注意天气变化。一旦出现较大阵风或下雨，应立刻控制无人机降落，以免发生意外。

降落要选择平坦的场地，驾驶员要与无人机着陆点保持数米的安全距离，在无人机降到距离地面约 1 米时，控制无人机悬停，待无人机稳定后再缓慢降落到地面。等螺旋桨完全静止后，关闭无人机电源，再关闭遥控器电源。

为了保证安全飞行，除了飞行时要谨慎外，还要定期检查无人机。包括查看机体是否有灰尘、螺丝是否松动等。在存放时，应保持环境阴凉干燥。定期检查无人机电池和遥控器电池，将电量充电至 65%，以延长电池寿命。

第五节　飞行常见问题

一、飞行中如何确定无人机所处位置？

小地图（或姿态球）位于操作页面左下方，默认为小地图状态，点击小地图右上角的"小按钮"可切换至姿态球模式。

小地图实时显示无人机当前地理位置。在地图上有三个图标，分别是蓝色圆点、红色三角及绿圈 H。蓝色圆点为遥控器所在位置，移动设备无卫星信号时不显示；红色三角为无人机当前位置；绿圈 H 为返航点，此返航点默认起飞时自动记录。

红色三角与蓝色圆点间的绿线即为航线，当无人机飞远时，可参照此航线返回。调整红色三角标示，使其尖部指向蓝色圆点，让无人机向前飞行，无人机将径直飞往遥控器的所在地点。

图 2 – 11 姿态球切换按钮

图 2 – 12 地图

姿态球模式下可查看无人机姿态变化、无人机与操作手的对应位置和无人机朝向。通过无人机姿态可以判断无人机的当前飞行状态是否正常以及是否存在危险。例如，无人机倾斜角度过大，可能是因为飞行环境风力过大，导致无人机无法稳定，若继续飞行则存在侧翻或被风吹跑的风险。

姿态球中心点代表操作手，红色三角代表飞行器，尖角方向代表机头朝向，无人机在进行转向时，红色三角标志相应作出旋转。绿色光束代表云台相机朝向，在飞行中，操作手可根据红色三角标志判断无人机处于什么位置。

图 2-13　无人机向前飞行时，蓝色水平面（左下角斜纹部分）相应上升

图 2-14　无人机向后飞行时，蓝色水平面（左下角斜纹部分）相应下降

图 2-15　无人机向右飞行时，蓝色水平面（左下角斜纹部分）朝右倾斜

图 2 – 16　无人机朝左飞行时，蓝色水平面（左下角斜纹部分）朝左倾斜

二、无人机电量不足会怎样?

大疆无人机具有低电量警报功能。在无人机飞行过程中，当电池电量消耗至预设的低电量值（默认为30％）时，无人机会发出警告，提示飞行器电量不足，请尽快返航。当无人机电量低于30％时，建议立即返航，以免发生意外。因为返航途中可能突发使无人机电量快速流失的状况，例如风速过大等。

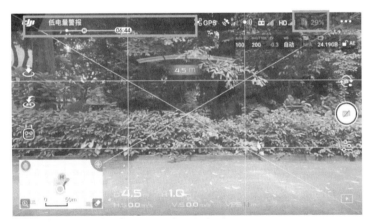

图 2 – 17　低电量警报（1）

当无人机电量仅够返航时，APP 将会提示是否执行自动返航，若10秒内不做任何反应，程序将自动执行智能返航。

图 2-18   低电量警报（2）

严重低电量警报功能是在飞行过程中，若无人机电量降低至预设的严重低电量值（默认为10%）时，无人机将会强制执行降落命令。

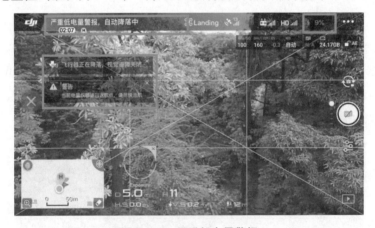

图 2-19   严重低电量警报

三、无人机失控了会怎样？

界定无人机失控的依据有两个：第一，图传信号断开超过3秒；第二，遥控器与无人机之间的连接信号断开超过3秒。只要符合其中一种情况，即可判定为失控状态。无人机失控后会自动执行预设行为。

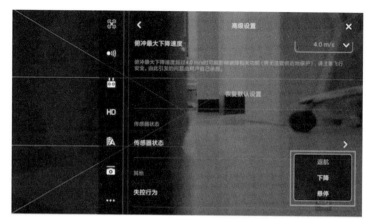

图 2 - 20　失控行为预设界面

1. 悬停。无人机失控后，将悬停在失联点位置，直至重新获取连接信号。

2. 下降。无人机失控后，将下降在失联点位置（忽视飞行器下方的情况）。

3. 返航。执行返航需同时满足三个条件：第一，GNSS 卫星定位信号良好；第二，指南针工作正常；第三，无人机成功记录返航点。返航有三种方式，分别是智能返航、智能低电量返航和失控返航。

（1）智能返航。智能返航按键可使无人机执行自动返航程序，再短按一次该按键即可终止返航。在智能返航过程中，驾驶员仍能通过摇杆控制无人机躲避障碍物。

（2）智能低电量返航（被动触发）。无人机主控会根据飞行的位置信息，智能地判断当前电量是否充足，DJI GO APP 将提示驾驶员是否需要执行返航，若驾驶员 10 秒内不做选择，倒计时结束后无人机自动进入返航状态。若电量仅够实现降落，无人机将强制下降，不可取消。返航和下降过程均可通过遥控器操控无人机。

（3）失控返航（被动触发）。无人机进入失控状态后，将自动返航，飞回最近记录的返航点。返航过程中即使信号恢复正常，返航过程也不会自动停止，但是驾驶员可以进行干预，取消返航并控制无人机。GNSS 卫星定位信号不工作时将无法实现返航。

返航过程图解

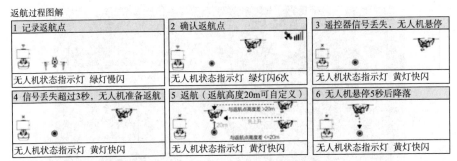

图 2 - 21　返航过程（无避障系统）

带有避障系统的无人机在返航时有如下特点：

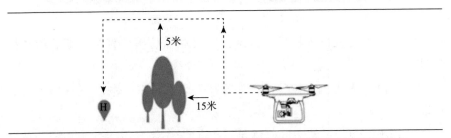

·前视障碍物感知系统开启后，在智能返航过程中，为了确保机头朝向，驾驶员将无法使用遥控器调整机头朝向

·在避障过程中，无人机无法自动躲避位于其上方、侧方与后方的障碍物

图 2 - 22　有避障系统返航

无人机飞行检查表

操作者：		日期：		飞行地点：	
飞行开始时间：			飞行结束时间：		

序号	检查项目		备注
一、	环境勘察及准备		
1	天气状况	☐	
2	起飞地点远离人群	☐	
3	起飞点上空开阔无遮挡	☐	
4	起飞点地面平整	☐	
5	操作设备（手机/平板）电量充足	☐	
其他情况：			
二、	开箱检查		
1	无人机电池、电池数量	☐	
2	遥控器电量充足	☐	
3	无人机机身及起落架无损坏	☐	
4	转动遇机无卡顿及异常	☐	
5	螺旋桨安装牢固	☐	
6	相机卡扣已取下	☐	
7	相机及云台整洁无异常	☐	
8	所有部件齐全	☐	
其他情况：			
三、	开机检查		
1	打开遥控器并与监视器（手机/平板）连接	☐	
2	确保飞行器水平放置后打开飞行器电源	☐	
3	自检正常（模块自检/IMU/电池状态/指南针/云合状态）	☐	
4	无线信道质量为绿色	☐	
5	GPS 信号为绿色	☐	
6	SD 卡剩余容量充足	☐	
7	刷新返航点（如果不能自动刷新，请手动刷新）	☐	
8	根据环境设置返航高度	☐	

续表

9	操作设备（手机/平板）调到飞行模式	☐	
10	确认遥控器的姿态选择及模式选择	☐	
其他情况：			
四、	试飞检查		
1	起飞到安全高度（3~5 米）	☐	
2	观察无人机悬停是否异常	☐	
3	测试遥控器各项操作正常	☐	
其他情况：			
检查完毕，可安全飞行			
检查人员签名：			

第三章　无人机空地协同

在执行安防任务时，无人机作为空中信息采集平台，可挂载多种任务载荷，为现场指挥提供依据。在大型活动安保中，指挥人员可以根据无人机采集的现场实况，指挥地面人员、无人机等采取相应的行动。后台指挥人员、无人机操作人员及现场行动人员必须沟通顺畅、密切配合，才能顺利地完成安保任务。为了多方人员能够高效沟通，制定了统一规范的沟通指令。

第一节　沟通指令

现场进行沟通时，沟通用语要简洁，要保证团队内部人员沟通指令一致。指令分为水平方向指令、立轴方向指令和速度指令。下达的指令既包括出发指令也包括停止指令。例如，前进、加速、保持速度。

水平指令：前进、后退、左飞、右飞；

立轴指令：上升、下降、左转、右转；

速度指令：加速、保持、减速；

单向动作：前进、后退、左转、右转、上升、下降、左飞、右飞；

多向动作：前上升、前下降、后上升、后下降等。

第二节　双人操控

单人操控需要同时兼顾无人机安全和拍摄质量，对操作手要求较高，在复杂的飞行环境下容易发生安全事故。双人操控可以大幅度提升飞行的安全性及作业效率。

一、双人操控的职责分工

其中一人担任操作手，负责操控无人机飞行，重点保障无人机安全。另一人担任云台手，负责操控云台相机进行拍摄，重点保障拍摄质量，还要与指挥中心及地面执行人员保持沟通。云台手是后台指挥中心与前线地面执行人员沟通的枢纽，是最清楚整体行动方案的人，云台手负责指挥飞行，操作手根据指令安全飞行。

二、沟通标准用语与重点

沟通以指令为主，云台手的指令是基于操作手的角度给出的。例如，云台手给出"前进"指令，代表操作手需要推前进摇杆。如果云台视角和无人机机头不一致时，云台手下达指令要以操作手的 FPV 视角为准。

（一）画面沟通方法

以画面为坐标，利用网格线将画面划分为 9 个区域，画面飞行要以飞向画面中心为原则。

图 3-1　九宫格

例：云台手指令对应操作手动作。

往 1 号位：左转航向上升前进使 1 画面移到 5 画面；

往 6 号位：右转前进使 6 画面移到 5 画面；

往 5 号位：前进。

（二）视角确认

"悟2"和"M200"型无人机在飞行中云台可以作360度水平旋转，并且不受机头朝向限制，所以会出现摄像头朝向与机头朝向不一致的情况。

图3-2 FPV摄像头视角

图3-3 云台相机视角

三、注意事项

1. 操作手与云台手需要根据实际情况选择合适的航向及航线。注意躲避航线内的障碍物，如电线、路灯、信号基站、大楼等，避免因障碍物阻挡导致撞击坠落或遥控器信号被阻隔导致图传中断或无人机失控。

2. 操作手和云台手都必须清楚机头朝向。云台手在飞行过程中需要帮助操作手观察航线周边障碍物，并随时通知操作手调整飞行方向避开障碍物。云台手指挥航向（去哪里），操作手决定如何操作（怎么去）。

3. 无人机负责将地面无法获取的信息传达至指挥中心，指挥中心指挥员汇总天空与地面的信息作出行动决策，指挥员向云台手提出要求，而不是具体动作指令。譬如，10 分钟内到达目标地点上空，而不是往前直飞500 米后左转。

第三节　在线管理平台使用方法

无人机采集现场信息，实时回传指挥中心，为指挥中心提供决策信息。无人机已经在大型活动安保、群体性事件处置、应急救援等方面的警务工作中得到了广泛的应用。

【案例】

2016 年武汉马拉松比赛，国内首次在大型马拉松赛事中广泛应用无人机参加空中视频安保工作，赛前航拍的全赛道地理数据为各安保参展单位的方案推演奠定了翔实、准确、生动的数据基础；赛中实时监控的航拍视频与地面视频探头形成一体化无死角监控系统，构成立体化防控体系中的重要环节。

图 3－4　马拉松赛事现场航拍画面

2016 年 4 月 22 日，江苏靖江发生油罐大火，现场爆炸了两个储油罐，燃烧面积约 2000 平方米，现场有 42 个储罐，含 12 个汽油、柴油罐，30 个高危化工品储罐，如扑灭不及时，后果将不堪设想，当时现场火灾扑救遇到四大挑战：①指挥中心无法宏观地了解现场情况，无法快速作出灭火的计划；②现场有毒和易燃易爆品多，严重威胁消防官兵的人身安全；③油罐温度变化无法预测，存在爆炸隐患；④现场浓烟太大，无法判断流火的走势。当时消防部门紧急出动了6台无人机进行火情侦察，并且把视频图像及时回传指挥中心，快速制订了灭火计划，避免了人员牺牲的情况发生。

图3-5 航拍热成像画面　　　　　　图3-6 移动指挥车

一、无人机直播

无人机直播由无人机及摄像设备、地面控制接收设备、地面直播设备、流媒体服务器（直播卫星）、直播接收设备等组成。目前无人机多采用4G直播方案，通过公共网络服务器，对现场画面进行实时直播。

图3-7 无人机公网直播流程图

采用4G公网直播方案，优点是便于实施，只要有4G信号网络覆盖及简单设备就能完成现场直播任务。以下列举几个典型的4G公网直播方案。

方案1：通过 DJI GO/DJI GO 4 移动 APP 内置直播功能完成直播任务，其中内置了微博、QQ 空间等直播平台。

图 3-8　内置直播功能

也可以通过填写其他直播平台的 RTMP 直播地址（直播推流地址），完成在其他平台上的直播任务。

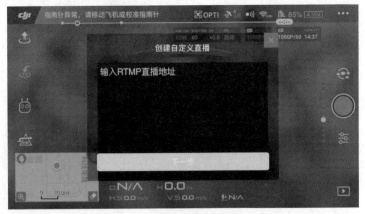

图 3-9　自定义直播

此方案的优点是大疆无人机内置直播功能，不需要额外的直播设备就可以完成直播任务；缺点是依赖移动设备自身网络，容易出现卡顿现象，不能对直播画面进行调整切换，如调整字幕等。

方案2：采用4G 直播设备。通过无人机遥控器输出的视频信号（如 HDMI 信号）与直播设备相连完成直播任务。

图 3 – 10　视频输出接口

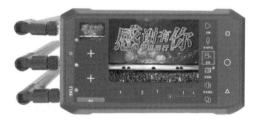

图 3 – 11　无人机直播设备

　　此方案的优点是直播设备一般支持全网通、Wi-Fi、有线等网络设备，可实现多路视频切换、画中画、二次编辑等功能。缺点是需要添加额外的直播设备，只有 DJI 专业级的无人机设备才提供视频输出接口，如悟系列及 M200 系列。

　　在警务工作中也可以通过无人机回传视频与移动指挥车相连，通过指挥车专有网络将实时画面回传指挥大厅，也可以通过 4G/3G 专网卡回传。优点是通过专网连接可保证视频的保密性。

　　无人机作为直播平台，相对于传统监控画面，具有可灵活部署、空中全局视角等优点。在警务工作中将发挥越来越重要的作用。随着无人机与警务工作结合的不断深入，无人机将不会局限于直播功能，未来会打造成集直播、无人机管理、人员管理、任务分配、任务管理、地面人员设备协同的综合指挥平台，将在协同作战、移动指挥等方面发挥越来越重要的作用。

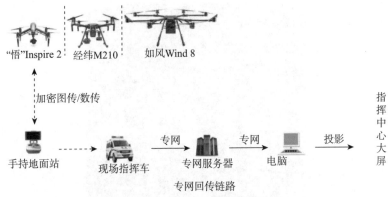

图 3 – 12　无人机专网直播流程图

二、大疆司空管理平台简介

大疆司空是一款基于网页的无人机远程管理软件，通过云端向用户提供无人机实时监控、历史记录及团队和人员管理功能。

无人机通过安装 DJI Pilot APP 的移动设备将飞行数据和视频上传，后方用户可通过浏览器访问大疆司空管理平台，获取无人机实时信息或过往数据。

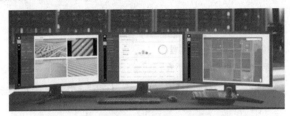

图 3 – 13　大疆司空无人机综合在线管理平台

图 3 – 14　司空系统工作原理

大疆司空管理平台界面包含：无人机列表、历史信息、团队管理、地图实时界面、直播界面等。

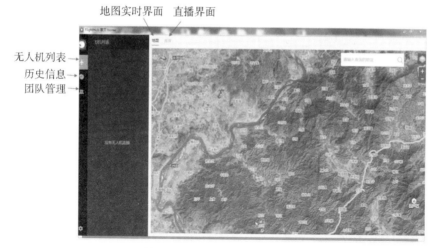

图 3 – 15　司空管理平台界面

三、大疆司空管理平台使用方法

（一）登录

在网页端输入网址 www.dji – flighthub.com，访问官方网站，输入 DJI 账号进行登录。或者直接下载大疆司空 PC 客户端，通过平台客户端进行登录。

图 3 – 16　平台客户端登录界面

（二）管理

登录系统后点击管理。

图 3 – 17   管理界面

（三）创建团队

点击 " + " 号创建团队。在弹出的对话框中填入团队名称，再点击
"完成"。

图 3 – 18   创建团队界面

（四）添加队友

点击 ▲ 图标，邀请队长或操作手。输入受邀者邮箱（必须是注册为
DJI 账号的邮箱），选择工种（队长/操作手），点击完成。受邀者将收到邀
请邮件，点击邮件链接即可加入团队。

图 3 – 19　添加队友界面

四、DJI Pilot APP 使用方法

下载安装 DJI Pilot APP 后绑定设备。

1. 在 DJI Pilot APP 中使用管理员或已加入团队的队长/操作手账号登录，选择手动飞行进入相机画面。点击右上角设置，选择通用设置，点击"将设备添加到我的团队"。

2. 选择团队，点击确认。操作手进入 DJI Pilot APP，打开左上角选项。点击"开启云端"，Pilot APP 开始上传数据至大疆司空平台，设备飞行时间、飞行轨迹将被系统自动记录。在飞行操作中，有网络连接时可实现直播和位置显示功能。需要关闭时可以在同一位置点击"关闭云端"。

3. 操作手可在"我的团队"页面，查看团队信息。如果此时使用的无人机已经绑定该人员所在的团队，则会有相应的标识显示。

4. 进入 DJI Pilot APP 通用设置，点击"平台直播"后，直播开启。此时在大疆司空管理平台中可以相应看到直播画面。

管理员可登录大疆司空云端，在地图界面查看当前无人机的实时信息；或切换到直播界面，通过直播界面查看最多 4 架无人机的视频画面，点击每个视频右上角白色方框可弹出一个新页面全屏播放该视频。

【案例】

从 2016 年开始，云南省为全省 16 个地州平均配备了 4 套大疆无人机，用作二级公路安全监管与应急保障系统的有效补充。一旦发生泥石流等地质灾害，地面交通堵塞难以抵达现场时，无人机可从高处飞过山区，实时回传信息。

为高效管控无人机团队，更有效地应用无人机。云南省公路局采用大疆司空定制化无人机管理平台，平台主要功能如下：

图 3 – 20　云南省公路局无人机管理平台

（1）作业管理。管理平台具有实时传输功能，可远程直播，云南省公路局可以全面掌控无人机作业情况。工作人员可以远程获取无人机拍摄的实时视频与位置。

（2）数据管理。管理平台自动记录详细飞行数据。记录与分析道路日常巡检数据，帮助工作人员对高位边坡等高危地区进行灾害预判，防患于未然。

（3）无人机管理。管理平台可以帮助云南省公路局对全省拥有的无人机设备进行及时维护和更换，保障无人机作业更安全、顺利。

（4）团队管理。通过管理平台，云南省公路局能根据各地实际情况对全省无人机设备进行分组作业，便捷高效实现管理。分组后，对各地分配不同权限，让任务一目了然，组织高效运转。

第四章　无人机应用

第一节　相机设置

控制照片亮度的因素有三个，即光圈、快门与感光度。其中光圈和快门的组合称为曝光值，它们和感光度一起决定了一张照片的亮度，同时还各自对照片产生一些其他的影响。通过对这三者的调节，可以使照片亮度适宜，即获得合理的曝光值。

一、光圈

光圈，是指镜头的通光孔径，是镜头上控制进光量的装置。简单来说，光圈是镜头中央的孔，孔的大小决定了镜头单位时间内进入光线的多少。孔越大，单位时间进入的光线就越多。

光圈的大小可以用诸如 F/2.8、F/5.6、F/11 的数字来表示，这称为 F 值，F 值越小镜头的光圈越大，即光圈的数值越小光圈孔径越大。完整的光圈值系列如下：1/1.0，1/1.4，1/2.0，1/2.8，1/4.0，1/5.6，1/8.0，1/11，1/16，1/22，1/32，1/44，1/64。

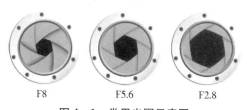

F8　　　　　　F5.6　　　　　　F2.8

图 4-1　常用光圈示意图

　　光圈的大小将直接影响航拍摄影师拍摄数码照片的成像质量。航拍相机，以大疆创新产品为例，DJI Phantom 4 和 Inspire 1（X3 相机）的光圈为 F/2.8，焦点无穷远；Inspire 1 Pro（X5 相机）和 Inspire 1 RAW（X5R 相机）的光圈范围为 F/1.7 ~ F/16，对焦范围为 20 毫米到无穷远。

　　在相同的快门与感光度条件下，光圈 F 值越小，光圈越大，进光量越多，画面越亮。

　　光圈不但可以控制曝光，还可以控制景深。所谓景深，是指相机在对焦完成后，在焦点前后的范围内都能形成清晰的像，即一前一后的距离范围，通俗地讲就是画面从前到后的清晰范围。通过调整光圈的大小，可以控制照片的背景虚化程度，得到不同清晰范围的照片。

　　光圈与景深的关系是：光圈越大，焦平面越窄，景深越浅，画面中的背景越模糊；光圈越小，焦平面越宽，景深越深，画面中的背景越清晰。景深的深浅受到光圈镜头及拍摄物距离的影响。航拍相机通常在近距离拍摄主体时才使用浅景深（如 F/8、F/16 等），在城市拍摄全景时，在光线充足情况下，使用小光圈、深景深，能够获得整体清晰的图像。

F3.5＞F8.0＞F16

图 4 - 2　景深对比

二、快门

　　快门，即快门速度，是拍摄照片时控制曝光时间长短的参数，用于控制相机曝光的时间。快门的表示方法，一般用相应的表示时间的数字来进行设定，如 1/125 秒、1/60 秒、2 秒等。

　　光圈与快门的关系就像打开水龙头往杯子里倒水，水龙头相当于光圈的孔，装满一杯水所需要的时间相当于快门。水龙头开得越大，单位时间内倒入的水就越多，装满一杯水所需要的时间就越短。在光圈和感光度不变的情况下，快门速度越慢，曝光的时间越长，进入镜头的光线就越多。

　　无人机在空中飞行受气流影响，相机不可避免地会发生抖动。飞机速度或抖动过大要适当减少快门时间以获得清晰成像。由于相机的成像原因，越接近相机的物体，在相机移动时对画面的清晰度影响越大。此时需要对相机参数设置进行调整，减少快门时间，增大光圈以及感光度。越短的快门时间对于运动物体的捕捉能力越高，此时无人机在贴近物体飞行时，可大大减少移动物体（或无人机拍摄时的位移）对相机画面成像效果的干扰。

快门：1/8000秒

快门：1/8秒

图 4 - 3　快门对比

三、感光度

　　感光度，又称 ISO，是胶片对光线的化学反应速度。在数码时代，调整感光度，其实就是控制感光元件对光线的敏感程度，继而控制曝光。感光度用 ISO 加数值来表示，如 ISO100、ISO400、ISO1600 等。ISO200 胶卷的感光速度是 ISO100 胶卷的两倍，即在其他条件相同的情况下，ISO200 胶卷所需要的曝光时间是 ISO100 胶卷的一半。

　　数码相机通过调节感光度的大小，可以改变光源的多少和图片亮度的数值。因此，感光度也成了间接控制图片亮度的参数。ISO 值越高，接受的光量也就越多，在相同的光圈与快门条件下，画面会随着感光度增加而明亮。

感光度对摄影的影响表现在两方面。一是速度，更高的感光度能获得更快的快门速度；二是画质，越低的感光度带来更细腻的成像质量，而高感光度的画质则是噪点（也叫噪音、颗粒感）比较大。ISO 越高，噪点越明显，甚至对色彩也有影响。所以，为了保证画面质量，在昏暗的场合下拍摄时，可以提高 ISO 值，但尽量控制在可接受的范围内，如 ISO1600 以下；在光线充足的情况下拍摄，尽量使用低 ISO 值，如 ISO100。

ISO400　　　　　　　　　　　　　　ISO1600

图 4-4　感光度对比

第二节　曝光补偿与包围曝光

一、曝光补偿

无人机摄影摄像参数的设置模式通常有两种，即自动（AUTO）模式和手动（M）模式。在使用自动模式拍摄时，相机会对被拍摄物体的亮度进行测光，自动演算出相机认为合适的光圈、速度和 ISO 组合。有些场景下相机自动设置的曝光参数并不准确，这就需要通过调整曝光补偿 EV 值进行修正，将画面还原为肉眼实际看到的亮度。

曝光补偿是在使用自动模式拍摄时进行曝光控制的方式，常见设置是在 ±0 ~ 3EV。如果照片偏暗，可以设置正向曝光补偿值，如调整为 + 1EV、+2EV；如果照片偏亮，可以设置负向曝光补偿值。

进行曝光补偿时，如果照片过暗，要增加 EV 值，EV 值每增加 1.0，相当于摄入的光线量增加一倍。如果照片过亮，要减小 EV 值，EV 值每减小 1.0，相当于摄入的光线量减少一半。正确曝光的照片在画面最黑的阴影处和明亮的高光处都有着丰富的细节。

简单地说，设置曝光补偿只要掌握"白加黑减"的原则就可以了。拍摄白色为主的场景，如亮部区域较多的物体、强光下的水面、雪景等，相机会得到"白色""明亮"的信息，从而减少曝光量，导致画面欠曝变暗。此时为了让照片变亮，可以进行正向曝光补偿。拍摄黑色为主的场景，如暗部区域较多的密林、阴影中的物体和黑色物体等，相机会得到"昏暗"的信息，从而增加曝光量，导致画面过曝变亮，此时为了还原被拍摄物体本身的颜色，需要进行负向曝光补偿。

另外，拍摄者也可以根据自己的拍摄意图和喜好，运用曝光补偿功能自由地调整画面亮度，在逆光等光线反差大的场景下进行摄影创作。

需要注意的是，如果调节了 EV 值，完成相关拍摄后要及时归零，否则会造成其他拍摄场景的曝光不准确。

在使用手动模式拍摄时，曝光补偿是不可调的。DJI GO APP 在手动模式下会自动显示 EV 值，这是"曝光指示"的意思，显示当前手动设置的拍摄参数与自动侧光参数的差值。＋EV 表示画面偏亮的程度，－EV 表示画面偏暗的程度。在环境光线正常的情况下，建议尽量保持 ±0.3EV 以内的水平。

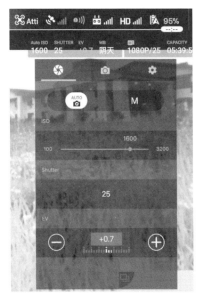

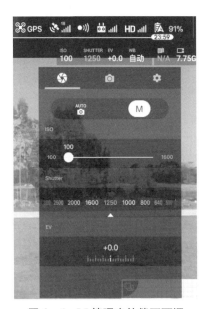

图 4－5 AUTO 档曝光补偿可调　　　图 4－6 M 档曝光补偿不可调

图4-7　曝光指示，过曝

图4-8　曝光指示，正常曝光

二、包围曝光

包围曝光，是指一次拍摄后，相机以中间曝光值、减少曝光值和增加曝光值的方式，拍摄三张或者五张不同曝光量的照片。

包围曝光适用于拍摄光源复杂、相机不易正确测光的场合，比如大型庆典活动等现场有复杂的舞美灯光设计的场景。以大疆创新产品为例，在DJI GO APP 菜单设置中，选择 AEB 包围曝光，拍摄三张等差曝光亮度的照片，分别为：曝光不足一级、正常曝光、曝光过度一级，三张照片分别完整保存了拍摄物体亮部、中间部分以及暗部的画面细节，从中挑选合适的照片，再辅以后期制作，就得到了一张无论是其暗部还是亮部都没有溢出的画面。以下图为例，由于沙滩环境光线复杂，光比大，下图是无法用一张照片拍出来的。如果保留天空，减少曝光值，则沙滩上的人会在暗处看不到；保留沙滩上的人，则天空过曝，看不到美丽的夕阳。下图使用包围曝光拍摄，再通过后期处理将三张以上照片合成，实现了在大光比环境下对画面细节的保留。正因为需要后期合成，拍摄者在使用无人机进行包围曝光拍摄的过程中，不能移动无人机位置和摇动云台，避免连拍的影像无法完全吻合。

图4-9　包围曝光后期合成照片

第三节　全景侦查

全景影像图也称360°全景图，是一种运用数码相机对现有场景进行多角度环视拍摄，再利用计算机进行后期缝合，并加载播放程序来完成的一种三维虚拟展示对象的影像图。

【案例】

2015年2月16日，公安机关接群众报警称：武汉市黄陂区某村村民李某、王某在李某家中同时失踪。

专案组通过查看现场周边视频，开展大量侦查工作后确定两名受害人已遇害且推测埋尸地点可能就在案发现场附近。现场周围是大片的农田和荒地，地形比较复杂，一时难以确定准确地点。

鉴于以上情况，无人机中队接到专案组命令，对案发现场进行空中勘查和现场搜索。明确三处重点区域进行航拍搜查，无人机迅速升空进行航拍，并迅速合成 3 张现场 360°空中全景图。

通过对高清航拍图细致对比分析，无人机中队民警发现航拍图中位于案发现场马路对面的一块荒地表面泥土颜色与四周存在明显差异，于是缩小搜索范围。通过加大片区搜查力度，找到被掩埋的尸体。

确定案件为命案后，专案组加大了侦查破案力度，案件在短短八小时内侦破，并抓获犯罪嫌疑人。

一、全景图的特点

全景图，顾名思义就是给人以三维立体感觉的实景 360°全方位图像，此图像最大的三个特点是：

1. 全。全方位地展示球型范围内的所有景致。可用鼠标按住左键拖动观看场景的各个方向。

2. 景。真实的场景，三维实景大多是在照片基础上拼合得到的图像，最大限度地保留了场景的真实性。

3. 360°。360°环视效果，虽然照片是平面的，但是通过软件处理之后得到的 360°实景，能给人以三维立体的空间感觉，使观者身临其境。

图 4 - 10　全景图

二、全景图的摄影作业流程

720°全景图可以通过手动和程序两种方法进行拍摄。拍摄过程中需要保持无人机稳定悬停，并需要每张图片之间有30%重叠率，否则素材在后期拼接中会出现模糊或无法拼接的情况。

拍摄时需要保证无人机电量充足。一次性完成一套360°全景拍摄任务，需时3~10分钟。空中全景的拍摄方法按照"0°—30°—60°—90°"的方法进行拍摄，水平0°拍摄至少8张照片，斜下30°拍摄8张照片，斜下60°拍摄6张照片，垂直90°拍摄2张照片。

（一）方式一：手动制作全景图

1. 前期拍摄。

（1）无人机飞到拍摄高度；

（2）设置相机参数；

（3）无人机悬停开始拍摄；

（4）360°转向，每转向45°拍摄一张照片，每圈拍摄8张图片，从第一个镜头转向第二个镜头要有30%以上重叠部分；

图4-11　镜头与镜头间30%以上重叠部分

（5）每拍完360°后云台下摇15°，再重复第4步动作，一直拍摄至云台垂直于地面；

图 4 – 12　云台下摇时景象需重叠

（6）云台每拍完一圈下摇 15°，从 90°拍摄至 0°，需要拍摄 6 圈；

（7）最后朝向地面拍摄一张图片，再转向 90°拍摄一张；

（8）最后得到 50 张图片。

注意事项：

①必须保持无人机高度稳定不动，水平转动云台开始拍摄，遵循每张图片之间至少有 30%及以上的重合部分。

②记下拍摄第一张图片时取景框内的主体，拍摄完一圈回到该主体时，就可以调整云台俯仰角度，继续拍摄第二圈。

③俯仰角度应遵循与第一圈拍摄图片至少有 30%及以上的重合部分。

2. 素材拼接。

后期拼接软件 PTGui 是 Helmut Dersch 公司多功能全景制作工具的一个用户界面。Panorama Tools 是目前功能最为强大的全景制作工具，但是它需要用户编写脚本命令才能工作。而 PTGui 通过为 Panorama Tools 提供可视化界面来实现对图像的拼接，从而创造出高质量的全景图像。

使用 PTGui 可以快捷地制作出炫目的全景图片，导入图片之后配准镜头参数，就可以自动地拼接和融合为全景图像。该软件拥有丰富的功能，支持多种视图和映射方式，用户也可以自行修改和添加控制点来提高拼接的精度，支持多种格式的图像文件输入，输出可以选择为高动态范围的图像，拼接后的图像明暗度均匀，基本上没有明显的拼接痕迹，可以说是 Windows 平台下非常不错的全景生成软件。

（1）拼接步骤。

①加载图片。

图 4－13　加载图片

②对准图像。

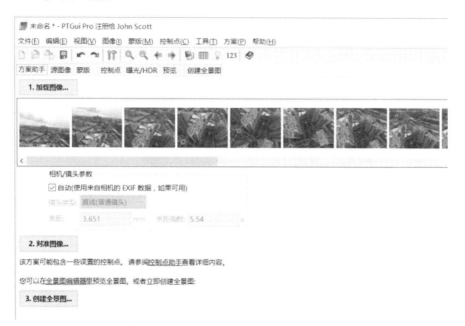

图 4－14　对准图像

③对准图片后，可以得到基础的全景图。

图 4 – 15　基础全景图

④用细节检查器查看图片细节，调整拼接中的瑕疵。

图 4 – 16　细节查看器

图 4 – 17　拼接中的瑕疵

（2）图片修改。当图片拼接出现瑕疵时，可以通过"蒙版"修改。

图 4 – 18 蒙版位置

①在蒙版下选择"显示画笔"。

图 4 – 19 显示画笔

②在蒙版界面找到目标物和显示完整的图片。

图 4 – 20 蒙版

③把目标建筑物涂成绿色（下图中圆圈处）。

图 4 – 21　目标物

④再用细节查看器检查。

图 4 – 22　细节查看器

（3）创建全景图。检查所有素材，没有瑕疵后可以创建全景图。导出 JPEG 格式照片，即可合成全景图。

图 4 - 23　导出 JPEG 图片

图 4 - 24　全景图

3. 后期处理。

全景图片合成后，天空部分是缺失的，可以使用 Photoshop 软件补全天空部分，使图片完整。

（1）用 Photoshop 打开全景图片。

①点击"文件"，在下拉菜单中选"打开"。

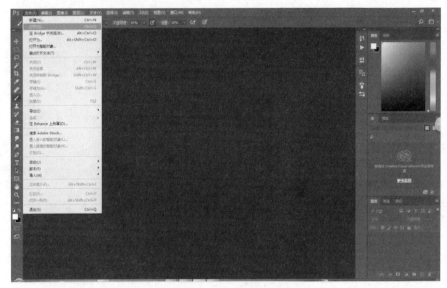

图 4-25 Photoshop 界面

②选择需要修补的图片，点击"打开"。

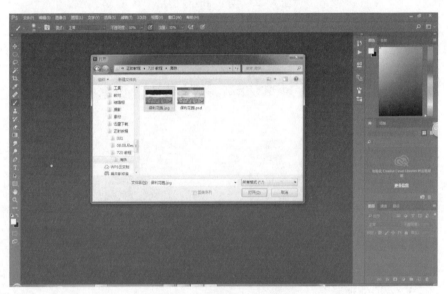

图 4-26 选择要修补的图片

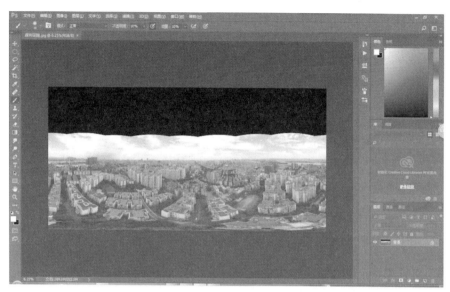

图 4 – 27 打开图片

（2）在 Photoshop 中打开预先准备好的天空图片。

①点击"文件"，在下拉菜单中选"打开"。

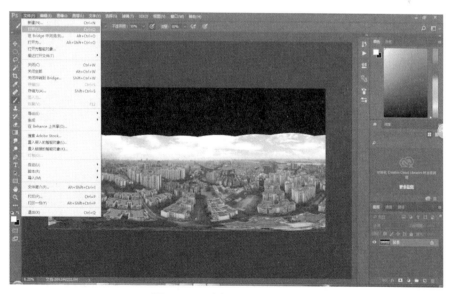

图 4 – 28 选择打开天空图片

②选中天空素材，点击"打开"。

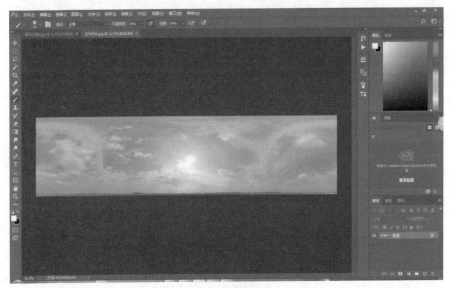

图 4 – 29　打开图片

（3）把天空素材复制到目标素材中。

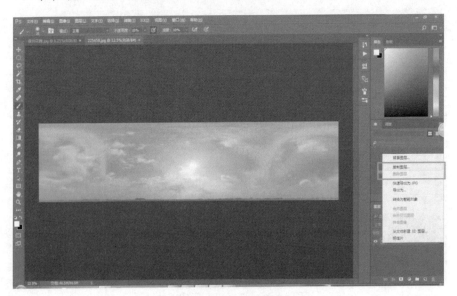

图 4 – 30　复制图层

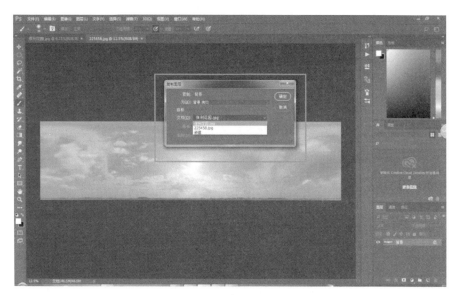

图 4 – 31 粘贴目标素材

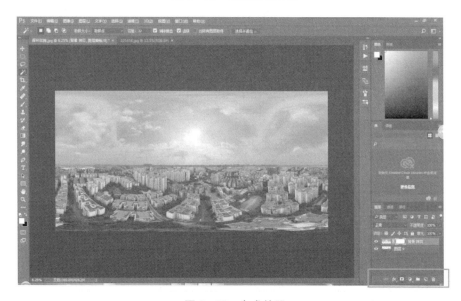

图 4 – 32 合成效果

（4）素材调整。

①添加天空素材后，调整大小至合适位置。

②选定天空素材，插入"快速蒙版"。

图 4 - 33 蒙版位置

③使用"渐变工具"。处理后素材之间的过渡变得柔和自然。

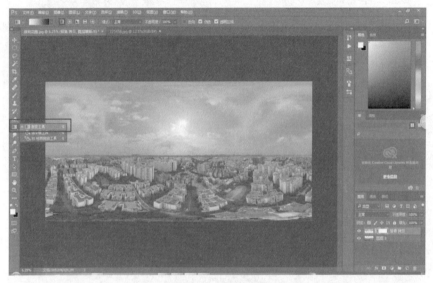

图 4 - 34 渐变工具

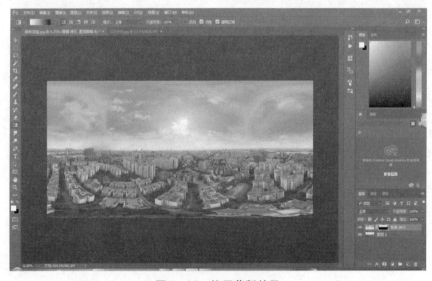

图 4 - 35 使用蒙版效果

④完成并保存图像。合成后使用 PTGui 查看器打开图片，即可使用全景图。

图 4 - 36 最终全景图

（二）方式二：自动制作全景图

大疆无人机如"精灵 4pro""Mavic"等机型都可以完成自动全景图。从拍摄到后期合成都是自动完成的。

自动拍摄的流程：

1. 在 DJI GO 4 APP 拍照模式中选择球行全景选项。

图 4 - 37 选择球形全景

2. 起飞到达预定高度后，点击拍摄，自动完成全景拍摄任务。

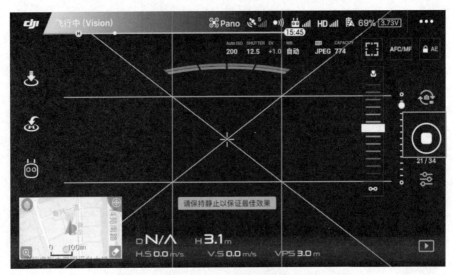

图 4 - 38　选择自动拍摄

3. 拍摄完成后点击"回放"，选择刚刚拍摄的全景照片，进行自动合成。

图 4 - 39　自动合成界面

4. 自动合成结束后可在 APP 里查看全景照片，还可以点击分享发送给其他人。

图 4 - 40 全景图

5. 拍摄完成后可以将拍摄完成的照片导入 PTGui 等软件进行后期处理，输出更高质量的全景照片。

图 4 - 41 电脑路径

第四节　无人机警务应用

一、无人机在现场照相中的应用

在传统的现场照相中，拍照内容按照由外到内、由大到小分为现场方位照相、现场全貌照相、现场中心照相和现场细目照相四个部分。

1. 现场方位照相。现场方位照相反映整个犯罪现场及其周围环境情况，记录、固定现场位置及与周围环境的内在联系。

2. 现场全貌照相。现场全貌照相又称现场概览照相或概貌照相，它是记录现场全貌和现场内部各个部分之间关系的一种照相形式。

3. 现场中心照相。现场中心照相又称现场重点部位照相，它是记录犯罪现场中心部位和反映现场主要物体特点及其与邻近物体、痕迹之间关系的一种照相形式。

4. 现场细目照相。现场细目照相是记录和固定犯罪现场与案件有关的痕迹、物品的照相。

无人机在犯罪现场的照相方法分为航空拍摄、空中全景。

（一）航空拍摄

图 4 - 42　航拍的赌博场所

现场拍照是现场勘查不可缺少的一种记录手段，其中现场方位照相是为了说明犯罪场所和环境。现场方位照相的拍摄点一般选择正对现场中心，距现场较远、较高的地点，以扩大成像范围，提高现场方位照片的信息量。在实际工作中，技术人员常常需要花费大量时间和人力寻找拍摄地点，有时由于环境的制约无法找到合适的拍摄位置，这就成为困扰技术人员的一大难题。无人机起降灵活，可在空中悬停，将无人机应用于拍摄现场方位照片，能节省时间和人力，较之传统拍摄方式具有很大的优势。

【案例】

2014 年 2 月 23 日，在福州西禅寺发生一起故意杀人案。西禅寺历史悠久，因其特殊的宗教地位和珍贵的文物古迹成为全国重点寺庙。寺内林木茂盛，中心现场完全隐藏于树木之间，占地面积过大，附近高楼的拍摄距离远、影像小，无法凸显中心现场，反复尝试都难以找到合适的拍摄点。此次采用航拍的方法通过无人机回传画面调整角度，很快就获得了满意的方位照片，充分展现出中心现场、周围道路以及标志性建筑之间的关联。

图 4-43 传统方法拍摄方位图

图 4-44 航拍方位图

（二）空中全景

刑事案件的拍照与日常生活中的拍照有所不同。日常生活中的拍照更讲究美观、赏心悦目，但在案件现场拍照追求的是绝对真实与客观。现场方位照相的作用主要体现在对犯罪现场的整体地理位置和场景给人的立体方向感上，需要工作人员在现场寻找合适的拍照角度。在概貌照相中，现场照相更在意整个犯罪现场的大概场景。

全景摄影是一种通过多张照片拼接来展现全景效果的新兴摄影技术。这种技术可以把二维平面图像转换成三维的立体空间，并且对输出的图像进行放大或缩小等操作十分方便。这种摄影技术几乎包含了传统现场照相中现场方位照相、现场概貌照相、现场重点照相和现场细目照相的所有内容。相比方位照相，360°全景照相技术能更好地展现犯罪现场的整体场景位置，甚至能产生使观察者身临其境的效果。

图 4 – 45　全景图

空中全景图可以通过无人机进行拍摄完成。目前大疆系列无人机可自动完成空中全景的拍摄和后期的合成。但是受限于移动平台的计算性能，自动合成全景图的像素有限。可以通过其他软件对拍摄的照片进行后期合成，输出更高像素的全景图，如通过 PTGui、Lightroom、Photoshop 等软件进行合成。

【案例】

2015 年武汉市郊发生一起命案，民警分析埋尸地点可能就在案发现场附近，但现场周围是大片的农田和荒地，一时难以确定准确位置。警犬先期排查后，无人机升空，通过空中拍摄的全景高清图，民警发现一块荒地的土地颜色与四周不同，似乎有翻动的迹象，随即缩小搜索范围。很快，警犬就在这块荒地发现线索，案件得以侦破。

图 4 – 46　案件的空中全景图截图

二、无人机在火灾现场中的应用

火场如战场，现代火灾救援需要面对复杂和危险的局面。无人机的普及为消防人员提供了强大的科技工具，提升了响应速度，降低了人员风险和财产损失。

（一）火情侦察

火灾可能随时发生变化，消防人员需要根据火灾的大小和蔓延情况评估是否需要增援，了解是否有人员被困，需要什么样的特种装备，以及定位水源。一台消防车储存的水量为3吨左右，在5分钟内就会耗尽，只够扑救小型火灾，所以消防员需要在现场寻找水源补给。城市消防水源一般来自消防栓，而在郊区或农村，需要寻找附近的池塘或者河流。此时，无人机能起到快速获取现场信息的重要作用。

图4-47 火灾救援

小型无人机操作简单、携带方便，起飞准备可在半分钟内完成，起飞后能够马上扫描附近几公里内的情况，对于侦察火情和定位水源起到了很大的作用。找到水源后，供水车辆在水源补给处抽水，再用水管接至消防车，然后开始灭火。

在没有使用无人机之前，评估火情非常困难。侦察火情需要依靠消防人员以血肉之躯深入火场，人员风险非常高。可见光无人机的应用局限于视野良好的日间环境，在浓烟、建筑物遮挡或夜间时，消防人员需要热成像相机辅助现场侦察与指挥。热成像相机将热辐射转化为可视图像，能直接反映观测区域的温度差异。在大型火灾中，火源隐藏在建筑、储存罐、管道之间，并被烟雾遮挡，使用无人机携带热成像相机能穿透遮挡，通过温度差异直接定位火源。这一特性使其成为理想的消防侦察与指挥工具。

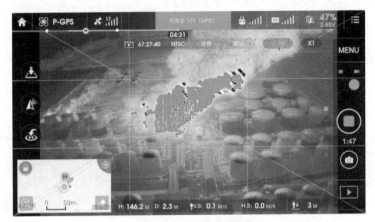

图 4 – 48　XT 红外图像

（二）复盘与提升

灭火战术对于消防工作非常重要。每次实战后，消防部门都需要对灭火救援行动进行评价总结，积累经验，提升指挥水准。

图 4 – 49　正射影像

使用 PC 地面站专业版获得的某地灾后正射影像，为消防部门复盘了现场起火点、蔓延方向、过火面积以及首批救援力量、增援力量、高喷车与供水车的布置。

每次扑救结束后，使用 DJI PC 地面站专业版和"精灵"等小型无人机对火灾现场进行二维建图。建图能清晰反映火场环境、火源位置、水炮架设位置等关键信息。

【案例】

2016 年 4 月 22 日 9 时许，江苏省靖江市德桥仓储有限公司发生重大火灾事故，着火面积约 2000 平方米。一旦爆炸，将会污染近在咫尺的长江水源，危及下流南通、上海人民的生活用水。各级领导第一时间赶赴现场组织指挥事故处置。江苏省厅共调集 192 辆消防车、950 名消防官兵、500余名公安民警和 50 余名武警官兵全面参与事故处置工作。

图 4-50 火灾现场航拍图

消防支队接到增援命令后，3 名警员携带两架警用无人机于 12 时 30 分到达现场，经过十分钟的准备，从火灾现场 1.5 公里外起飞，对火场中心的不同方向进行视频实时监控，同时拍摄高清照片。从空中看，起火点位于化工仓储公司中间，旁边有大量白色储罐，火灾现场浓烟滚滚，下部可见明火，腾起几十米高的黑色浓烟，烟柱散开高度大于 1000 米。无人机将空中拍摄照片回传到指挥中心，同时将照片转给现场消防指挥车，为指挥决策提供依据。

图 4-51 红外图像

三、无人机在人员抓捕中的应用

无人机作为一种新型警用装备，在城市高楼侦查、复杂地形窝点查找、夜间抓捕方面的优势尤其明显。

在搜捕行动中，无人机作为空中视角结合地面设备可大幅度提升搜捕工作的效率。对地形复杂区域进行搜捕，可首先通过无人机拍摄现场全景图，结合案情在地图上初步掌握线路、地形和重点部位等信息，并对重点地形地貌、线路及需要重点搜索部位进行必要的标注。通过对地图分析、地形研判和案情分析尽可能地缩小搜索范围，合理划分搜索网格和分配飞行任务、规划搜索航线，做好飞行及搜索安全预案，提高搜索的安全保障及效率。

图 4 – 52　搜捕画面

【案例】

2017 年 5 月 2 日，云南监狱某罪犯越狱，云南省嵩明县小街镇境内沟渠纵横，警方需在短时间内完成周边区域的搜索、定位，并实施抓捕。

在搜捕中，无人机协助参与抓捕侦查工作，飞行 5 天 5 夜，起落百余次，总搜索里程 200 余公里。无人机拍摄拼接的全景图为警方对实时地貌分析提供了详细有效的信息依据。

在划定的搜捕范围里，有很多茂密的森林和陡峭的山峰，人力搜索很困难，特别是晚上。这时就需要无人机飞行排查，白天无人机搭载普通的可见光变焦相机，晚上搭载热成像红外相机，在暗夜中可以通过监察地面热成像来追踪犯罪嫌疑人位置。此次无人机顺利协助抓捕单位搜寻到逃犯藏匿地点，为侦查工作作出了很大的贡献。

图 4 – 53　抓捕地点

2017 年 8 月 21 日，株洲市天元区国土局执法大队在巡查"三乱"现象过程中发现群丰镇长岭社区有违规开采砂石情况。在执法过程中，嫌疑人罗某军故意驾驶黑色本田汽车冲撞执法人员。之后欲驾驶涉嫌违规采砂的货车离开，在被执法人员阻拦后，罗某军从车里取出砍刀追砍执法人员，砍伤现场拍摄执法视频的民警并趁机开车逃跑。

图 4 – 54　抓捕现场（1）

在将其列为网上逃犯后，因罗某军具有一定的反侦查意识，警方一直没有查到罗某军的踪迹。巡警大队无人机中队派出无人机进行高空侦察。10 月 31 日，警航中队对罗某军的住宅进行侦查，发现该住宅内停有两辆汽车，但车库明显有四辆汽车使用的痕迹，分析其晚上很有可能会住在家中。11月1日6时许，无人机侦查到车库内停放了四辆车，其中一辆正是当时罗某军冲撞执法人员所驾驶的车辆。6时50分，巡警大队赶赴罗某军住宅将其抓获，同时查获管制刀具四把、气枪两支。

图4-55　抓捕现场（2）

四、无人机在毒品原植物排查中的应用

在传统的毒品原植物排查中，需要工作人员深入辖区内田间地头、房前屋后、荒山荒地、废弃工厂等重点部位开展排查活动，每到一处都需要仔细查看，确保不留死角。由于许多毒品原植物种植在隐蔽地点，如庭院中，因此排查时需要深入每家每户，不仅耗时耗力，而且不一定能把每户都排查清楚。

引入无人机低空搜寻毒品原植物，可在空中全方面探查。通过无人机与通信指挥图文视频接力，实时搜索，实现空地联动，可大幅提高搜索效率，节省搜索时间。

【案例】

进入罂粟开花期以来，德州市多地公安禁毒大队根据无人机拍摄范围广、速度快、清晰度高的特点，启用无人机对辖区非法种植罂粟的情况进行高空侦察。民警根据侦查村庄的范围，确定在80米高度拍摄高清照片。随后在电脑上对高清照片逐一分析，排查出疑似种植罂粟的照片，再通过无人机的起飞位置、拍摄角度分析出农户的具体位置。一切准备工作完成之后，组织民警对农户非法种植罂粟进行铲除。

图4-56 德州民警使用无人机

截至2017年5月24日,德州市共破获毒品原植物犯罪230起,其中刑事案件5起,行政案件225起,抓获犯罪嫌疑人230人,铲除罂粟等毒品原植物20000株。5月14日,临邑县公安局禁毒大队通过无人机高空侦察拍摄的照片分析出疑似种植罂粟的农户,并进行了突击检查,共查处非法种植毒品原植物案20起,铲除罂粟1900株。

图4-57 种植罂粟现场

2017年5月15日,山东省威海市特巡警支队派出无人机协助市局禁毒支队到多处村庄进行检查,对罂粟种植清除工作进行扫尾。

图 4 – 58　执法现场

　　为避免发生漏查，禁毒部门先期对各乡镇重点区域进行了摸底排查、实地勘查，因地制宜地制定了航巡方案。4 月 25 日至 28 日，先后在辖区孟庄镇、税郭镇、永安镇、齐村镇等山岭、丘壑使用无人机进行了低空搜索巡查，巡查面积达 5000 多公顷。在无人机低空搜寻的同时，禁毒民警向围观群众普及非法种植毒品原植物的危害及应承担的法律后果，现场教育群众 300 余人次。

图 4 – 59　种植现场

五、无人机在大型活动安保中的应用

在大型活动中，无人机可进行空中监控，实时掌握现场动态，合理调配警力，防止踩踏等事故的发生。无人机可搭载空中喊话器对地面喊话进行疏导指挥，及时发布通告。还可以挂载探照灯对局部区域进行不间断照明，防止因黑暗造成恐慌发生拥堵和踩踏。夜晚搭载热成像相机对人群密集度作出直观的判断，实时进行疏散分流，并对可能发生的踩踏事件、火灾隐情进行提前预警。

【案例】

2016年武汉马拉松活动当日，警方建立了水面、空中、陆地相互配合的立体化安全巡控体系。沿江水域、东湖湖面安排治安巡逻艇加强所涉水域的巡控及应急、救护，特警支队派遣警用直升机开展赛道全程空中安全巡控，轨道分局实施大客流处置预案，加强全市各轨道交通干线及重要站点的秩序维护和人流疏导。

图4-60 马拉松赛事现场

武汉警方明确2016武汉马拉松赛事安全风险等级为红色等级，警用直升机全程空中巡控，同时还调度6台警用无人机在空中进行观测，全赛段共设6处空中视频侦察点。警用无人机全赛程飞行起落55架次，总计飞行时长约750分钟。赛前（3月4日至3月底）对马拉松全赛道进行了航拍，

形成全线空中航拍视频供各参战单位熟悉和掌握各自责任区，明确安保任务；终点处通过倾斜摄影技术航拍制作了三维实景图，关键节点如起点、半程终点、交通拐点等15处制作了空中360°全景图，各参战部门在此三维电子沙盘上对其安保方案进行了模拟演练。

图4-61　现场航拍画面

赛时通过无人机实时监控赛道及周边情况并同步传输至各级指挥节点（如指挥大厅、移动指挥车、临时指挥部），供指挥员实时掌握情况便于决策，并对终点等地的"黑飞"情况进行了劝阻。

图4-62　终点航拍画面

六、无人机在交通管理中的应用

目前，我国大中城市普遍存在道路拥堵和交通管理不善的问题。虽然道路监控视频的应用已经比较成熟，但是也存在着有监控死角、监控视野不够等问题。无人机具有机动性强、高视野、可灵活部署等优势，可以弥补传统视频监控的缺点，对打造全方位、立体式的视频监控体系，提高交通管理的智能水平具有重要作用。

无人机可以应用于道路基础信息数据的采集、整理、分析。对重点路段、路口进行定期、定点高空数据采集，把采集到的视频及照片信息进行数据整理分析，具体有以下几个方面：

1. 对交通拥堵的特征及成因进行分析，可发现交通工程设计和交通组织设计的问题，并针对性地提供解决意见。

2. 对道路交通改造等工程的实施效果进行前后对比。可对改造后的效果进行科学评估。

3. 通过高空视频信息采集以及对车流量的分析，可对路口信号灯配时调整的前后效果进行对比，用于验证信号匹配是否正常。

（一）与后台指挥中心联动实时采集高空道路信息

1. 无人机飞抵拥堵现场上空，实时采集视频信息，可对拥堵原因、拥堵长度、拥堵车辆进行全局性、准确性的快速勘察，实时回传影像资料，快速、合理、准确地对拥堵路段进行疏导。

图 4 - 63　车流画面

2. 无人机在大型活动安保中可对周围道路状况进行实时监控，大大提升交警指挥效率。

（二）无人机可作为道路交通执法工具

1. 无人机可以定点抓拍违章车辆。

图 4 - 64　定点抓拍

2. 无人机可以快速制作交通事故现场图，提升警务效率。

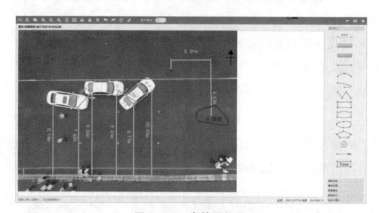

图 4 - 65　事故现场图

【案例】

　　机动车"加塞"一直是驾驶员最厌恶的交通违法行为之一，也是最容易引发愤怒的交通违法行为，不仅降低了通行效率、扰乱了交通秩序，而且极易引发道路交通事故。继在新闸路近成都北路路段、共和新路近中兴路路段、共和新路近广中西路路段三个路段，试点电子警察抓拍"加塞"交通违法行为后，浦东公安分局交警支队依托智慧公安建设平台，在内环外圈杨高中路、张杨路出口，试点采用无人机抓拍"加塞"违法行为。

浦东警方利用无人机在 1 个小时内抓拍取证了 16 起"加塞"违法行为。对无人机抓拍到的视频和照片，浦东交警支队相关部门还将进行审核，凡是符合处罚条件的，将依法寄出"罚单"。使用无人机抓拍，可以随时选择"加塞"严重的路口进行执法，比如内环这种封闭性道路。通过无人机非现场执法，既可以避免加剧拥堵，也可以固定证据。

图 4 - 66　现场抓拍"加塞"行为

2017 年"五一"期间，西安高速交警全员行动，利用巡逻警车的新型车载视频监控设备及高速公路固定视频监控设备监控流量、处理事故、严查违法。为了弥补监控盲区，西安高速交警首次动用无人机实时监控路段，抓拍随意变道、擅自占用应急车道等违法行为。

图 4 - 67　西安高速交警使用无人机

该次使用的大疆无人机起飞高度一般定为 10 ~ 15 米。无人机飞到 10 米的高度悬停，高清摄像头对准绕城高速上的车流。因为绕城高速上监控点非常多，无人机目前主要用于监控盲区进行定点悬停拍摄，辅助执法，记录违法车辆的号牌、车貌特征。例如，发生交通事故的路段，正好处于监控盲区，造成交通拥堵，在民警被堵在路上无法到达的情况下，无人机可率先赶到现场进行勘查与记录。

图 4 – 68　无人机航拍图

第五章　无人机任务规划

无人机任务规划是指对无人机所要完成的任务进行方案设定与统筹管理。通常是根据无人机的任务目标，设定起降场地、规划飞行路线以及配置任务载荷等。无人机任务规划的主要目的就是找到最佳的飞行航线，在该航线上有策略地使用任务载荷，最大限度地发挥无人机任务载荷的作用，安全完成任务。

从时间上来说，任务规划可分为航前规划和实时规划。航前规划是在无人机起飞前制订的，主要是综合考虑飞行平台、任务要求、地理条件、气象条件和已有情报等因素，制订航空摄影任务规划。实时规划是在无人机飞行过程中，根据实际的飞行情况和环境特征对先前规划进行适时的修改，包括应急方案，也叫重规划。

第一节　任务规划基础

无人机航空摄影任务规划的主要内容包括无人机的选择、飞行环境的选择和航线规划。

一、无人机的选择

执行航空摄影任务时，选择哪种类型的无人机必须综合考虑无人机性能、航空摄影对象、航空摄影区域和航空摄影时限等因素。

（一）无人机性能

无人机航空摄影系统的整体性能主要受无人机性能的制约，主要包括无人机飞行性能和遥感设备的探测能力两方面。

1. 飞行性能。无人机的飞行性能，是指无人机在飞行方面所具备的能力。其强弱、优劣主要取决于无人机的机体结构、气动布局和发动机三个方面，可以用飞行半径、飞行速度、飞行高度、转弯半径、爬升速率、续航时间、控制方式和起降方式等参数反映。

2. 遥感设备的探测能力。遥感设备的探测能力，是指无人机机载遥感设备发现、识别和跟踪目标的能力。遥感成像设备有照相、电视、红外、雷达等，但不论何种遥感手段一般都能用探测距离、探测范围、分辨率和工作环境描述其探测能力。

（1）探测距离：指遥感设备的作用距离，通常在技术指标中给出发现距离和识别距离，常用单位为千米或米。

（2）探测范围：指遥感设备能同时探测到的区域，即遥感设备一次所能覆盖的最大探测范围，通常以视场角的形式表现。

（3）分辨率：指遥感设备区分相邻两个目标的能力，分辨率分为距离分辨率和角度分辨率。

（4）工作环境：指遥感设备的适用工作条件，通常指适用于白天工作还是夜间工作，能否在阴雨天工作。

（二）航空摄影对象

航空摄影对象，是指无人机航空摄影需获取的目标及目标信息。此处目标信息特指目标的影像信息和位置信息。按目标的性质分类，航空摄影对象分为军用目标和民用目标。目标的种类不同，其反映出的影像特征和位置特征就有所区别。以下介绍几种典型的目标类型。

1. 按目标是否具有运动能力分类，航空摄影对象分为固定目标和活动目标。

（1）固定目标，是指那些自身不具有运动能力，又不便于移动位置的目标，也称为静态目标。如车站、码头、油库、机场等，这类目标的位置参数通常是固定不变的。

（2）活动目标，是指那些自身具有运动能力，或借助外力方便移动的目标，也称为动态目标。如汽车、火车、飞机、导弹发射架等，这类目标的位置参数是可以变化的。

2. 按目标的形状分类，航空摄影对象分为点状目标、线状目标和面状目标。

（1）点状目标，是指那些尺寸不大，面积较小的目标。如铁塔、纪念碑等，这类目标的位置通常可以用一个定位坐标点表示。

（2）线状目标，是指那些形状是长条形或折线、曲线的目标。如道路、行驶中的车队等，这类目标的位置通常需要用多个坐标点串联表示。

（3）面状目标，是指面积较大或分布面积较大的目标。如农田、机场等，这类目标的位置通常需要用多个坐标点连成一个闭合区域边界表示。

3. 按目标所处的位置分类，航空摄影对象分为陆上目标和水上目标。这类目标也可分为点状、线状和面状类型。

（1）陆上目标，是指位于地面的活动或固定目标。如居民区、农田、路口、车辆等。

（2）水上目标，是指处在水中的活动或固定目标。如舰船、海上钻井平台、油污带等。

航空摄影对象的特征对无人机航空摄影提出了不同的要求，是选择无人机机型时必须考虑的因素。

（三）航空摄影区域

航空摄影区域，是指航空摄影单位承担的航空摄影任务所覆盖的空间范围，是无人机航空摄影任务在空间和时间上的表现形式。无人机的航空摄影区域，是指航空摄影单位所承担的遥感航空摄影任务覆盖的空间范围，这个范围可能随时间而变化。

航空摄影区域确定后，要综合考虑监测区域范围的大小、地形、地物和气象特征，选择适合的无人航空摄影系统。

（四）航空摄影时限

航空摄影时限，是指完成无人机航空摄影任务的起止时间，由用户方和工作方共同协商确定。无人机航空摄影单位受领任务后，通常要经过组织准备、开进展开、航空摄影实施、成果处理等阶段，对于不同的航空摄影任务、不同的任务环境、不同的航空摄影能力，其在每一阶段所需的时间有很大差别，其中具体航空摄影任务的需求是最重要的。例如，在应急救援时，无人机的航空摄影时限就要求非常短。所以航空摄影时限也是选择无人机类型时必须考虑的因素。

二、飞行环境的选择

（一）现场勘查

作业人员需对无人机航拍区和其周边区域进行现场勘察，收集地形地貌、地表植被以及周边的机场、重要设施、道路交通等信息，为无人机起降场地的选取、航线规划、应急预案制定等提供材料。

（二）飞行环境条件

根据掌握的环境数据资料和无人机系统设备的性能指标，判断飞行环境条件是否适合无人机飞行。若不适合，则应暂停或另选环境进行飞行。飞行环境条件主要包括：

1. 海拔高度。无人机的升限高度应大于当地的海拔高度加上航高。

2. 地形地貌条件。在沙漠、戈壁、森林、草地、盐滩、盐碱地等地面反光强烈的地区拍摄时应注意光线问题。在陡峭山区和高层建筑物密集的大城市拍摄时，要避免阴影。

3. 风向和风力。地面的风向决定了无人机的起飞和降落的方向，空中的风向决定了无人机飞行作业的方向，风力对无人机平台的稳定性影响很大，进而影响无人机航空摄影的图像质量。

4. 温度和湿度。当地的环境温度应在维持无人机设备正常工作的温度区间内，同时，当地的环境湿度应不影响无人机设备的正常工作。

5. 含尘量。首先，起降场地地面的尘土情况不应影响无人机的起飞和降落。其次，无人机在空中进行航空摄影作业时要保证能见度，确保航摄影像能够真实地展现地面细节。

6. 电磁环境和雷电。保证无人机导航及数据链路系统正常工作不受干扰。

7. 云量、云高。既要保证具有充足的光照，又要避免过大的阴影。当云层较高时，可实施云下航空摄影作业。

（三）飞行起降场地的选择

不同类型无人机的起降方式不同，对飞行起降场地的要求不同，综合地形环境、气象环境、电磁环境等因素，无人机飞行起降场地应满足以下通用性要求。

1. 起降场地相对平坦、通视良好。

2. 起降场地周围不能有高压线、高大建筑物、重要设施等。

3. 起降场地地面应没有明显凸起的岩石块、土坎、树桩，也无水塘、大沟渠等。

4. 起降场地附近应没有正在使用的雷达、微波中继、无线通信等干扰源，在不能确定的情况下，应测试信号的频率和强度，如对系统设备有干扰，须改变起降场地。

5. 采用滑跑起飞、滑行降落的无人机时，滑跑路面条件应满足其性能指标要求；采用手抛弹射等起飞方式的无人机时，对于路面要求较低，只需路面保证一定的平整度。

三、航线规划

无人机航空摄影任务的航线规划需根据任务情况、地形环境情况、无人机飞行性能、天气条件等因素，设置航线规划参数，计算得到具体的飞行航线。

参考传统的航空摄影测量作业与无人机低空航空摄影作业的特点，可以将无人机飞行的参数分为以下几类：

（一）成像参数

成像参数包括地面像元大小（比例尺）、像片倾角、航线弯曲与轨迹角、像片的旋偏角和重叠度。成像参数直接决定了后续数据处理和成图的质量。

1. 像片倾角，是指相机在向地面摄影时，摄影物镜的主光轴偏离铅垂线的角度。在实际的航空摄影作业中，应尽可能获取像片倾角小的近似水平像片，因为应用水平像片航空摄影地形图作业要比应用倾斜像片作业方便很多。凡是倾角小于2°~3°的航空摄影都称为竖直航空摄影，这是常用的一种航空摄影方式。

2. 像片重叠度分为航向重叠度和旁向重叠度。

（1）航向重叠度：在同一条航线上，相邻两像片的影像重叠称为航向重叠。

（2）旁向重叠度：相邻航线之间，两像片的重叠度称为旁向重叠。

一般情况下，航空摄影测量作业规范要求航向重叠度应为56%~

65%，以确保在各种不同的地面至少有50%的重叠。旁向重叠度一般应为30%～35%。

3. 航线弯曲与轨迹角。航线弯曲度，是指一条摄影航线内各张像片主点至首末两张像片主点连线的最大偏离度。通常规定航线弯曲度不得大于3%。

4. 像片旋偏角。在摄影过程中，相邻像片的主点连线与像幅沿航线方向的框标连线之间的夹角，称为像片旋偏角。像片旋偏角过大会减少立体像对的有效作业范围。

（二）任务飞行参数

任务飞行参数，是指在航拍任务飞行作业中对无人机的各项飞行和执行航空摄影任务的要求。任务飞行参数的科学性、准确性将影响成像质量和作业效率。任务飞行参数包括：

1. 飞行高度（航高），无人机任务飞行相对于平均地平面的高度。

2. 飞行速度，无人机任务飞行设定的巡航速度。

3. 飞行航线长度，任务飞行方向作业区域长度。

4. 航线数量，在任务作业区域航线实际条数。

（三）硬件参数

硬件参数主要是指机载相机参数，包括相机分辨率、相机镜头焦距、相机存储容量、相机快门差等。其中，相机快门差是指飞行控制系统中快门指令发出到实际曝光的时间差。

（四）环境和其他影响因子

环境参数对飞行有很大影响，作为飞行适宜性和飞行轨迹的主要参考，包括地面平均高、地面高差、风向、风速等。

四、航线规划技巧

在进行任务航线规划时，需要根据航空摄影区域的环境、风向、任务、航拍精度等设置合理的航线。掌握以下航线规划技巧，可提高规划效率。

（一）长航线原则

在规划航线时，航线长度越长越好。在航空摄影航拍作业过程中，无人机频繁转弯、调头等操作会浪费时间与电量，为提高作业效率，降低作业成本，规划航线应尽量以长航线为主。经测试发现，当航线长宽比超过2:1后，提升的效率就不太明显了。

1037.36m

羊台山 461.72m

图 5-1　长航线规划

（二）矩形原则

在进行航线规划时，尽量规划成矩形。这样不仅能够体现影像的完整性，而且还能保证影像输出的美观。

（三）安全原则

在设置航线时，航线的起始点尽量设置在离起降区域最远的位置。在山区等落差较大的区域，要注意飞行的爬升率能否满足航点间的要求，避免发生碰撞。规划任务时要注意周围地理环境，是否有无人机飞行高度以内的建筑物。

（四）航摄分区保证重叠

任务存在多个航摄区域时，要保证航摄分区之间相邻航线的重叠度不低于30%。

第二节　快拼影像

一、快拼影像图的概念

快拼影像图是正射影像数据中的一类，是把无人机获取的数据通过快速匹配、拼接和纠正等方式进行处理，从而得到的目标区域内的正射影像数据。快拼影像图能够满足地质灾害、危机处理、抢险救灾等任务对影像数据的要求。

无人机快拼影像有两种数据采集处理方式，各有其优缺点。第一种，不需要地面控制点，对已有的影像配准后直接进行拼接和纠正处理。优点是方便快捷，缺点是精度不足。由于投影差对影像拼接的影响，导致了拼接误差积累较快，同时也忽略了影像间尺度的变化。第二种，针对无人机影像特点，参照传统的摄影测量流程进行处理。优点是精度比较高，缺点是出图周期长，并且需要有高精度的姿态参数和地面像控点。

【案例】

2015 年 6 月中旬，山东省某市公安局得到情报，一伙犯罪嫌疑人潜入，暂落脚于环翠区某村一出租房内，意图发动袭击。由于犯罪嫌疑人警惕性高，靠近侦查较为困难。

图 5 - 2　无人机在犯罪嫌疑人藏匿村庄的高空侦察

特巡警支队决定派出无人机对该村庄进行高空隐蔽侦查，从附近山林处起飞至 250 米高空，隐蔽飞抵该村上空，进行了空中拍摄测量作业，前后起落 5 个架次，飞行时长 100 分钟，获取带有地理坐标信息的标准正射图像 100 余张，进而绘制出精度为 5 厘米像素的该村高精度正射影像图及三维立体模型。随后根据正射影像图和三维立体模型快速部署抓捕计划。

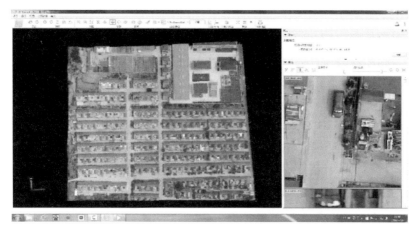

图 5 - 3　对犯罪嫌疑人藏匿村庄航测侦查获得的高精度影像

二、快拼影像作业流程（以 DJI PC 地面站为例）

　　DJI PC 地面站是一款针对行业应用领域设计的 PC 应用程序，用来控制 DJI 飞行器。它包含了自主航线规划、航点动作设计等功能，能够实时生成二维正射影像。

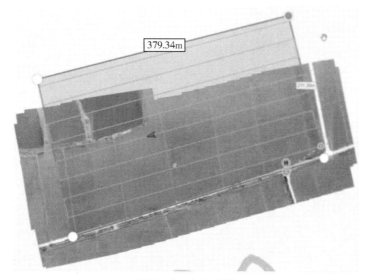

图 5 - 4　实时建图

（一）需求分析

了解任务需求，确定拍摄要求。

（二）勘察

现场勘察确定任务区域环境，包括建筑物高度、信号塔、禁飞情况等。选择安全的起降场地及紧急备降场地。无人机进行起飞前的检查。

（三）航线规划

1. 新建任务。打开 DJI PC 地面站，点击"新建任务"按钮，选择"建图航拍"，点击"下一步"输入任务名称，然后点击"确认"进入任务编辑模式。

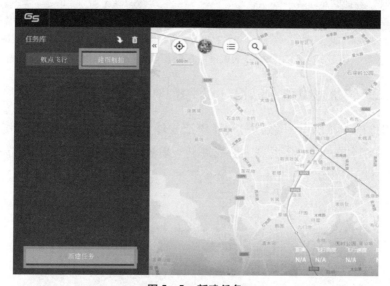

图 5-5　新建任务

图 5-6　选择任务类型

2. 规划航线。直接点击地图上的位置，添加边界点。或将无人机飞至所需位置，点击右上角的 🛦 图标，则使用当前无人机位置添加航点或边界点。

图 5 - 7　规划航线

3. 编辑航点。点击航点或边界点即可选择该点，点未被选中时为白色，被选中时为蓝色。拖曳该点可以改变区域形状或航线走向，也可以通过该点航线经纬度坐标改变航点位置。将鼠标放在两点间的线段上，鼠标变为 👆，点击则可在此线段上插入一个新的点。

4. 参数设置。

（1）点击进行"执行时建图"；

（2）设置飞行高度（飞行高度要高于任务区域内障碍物的高度，飞行高度越高任务完成时间越短，但是图像的精度越小）；

（3）设置飞行速度（可根据系统提示设置飞行速度）；

（4）"完成动作"可根据实际情况设置，比如可选"返回起始点悬停"。

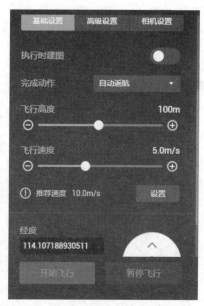

图 5-8 参数设置

（四）飞行检查

点击"开始飞行"，弹出飞行准备列表，等待航线上传至无人机。同时按照列表进行检查和调整，直至所有项目显示绿色，表示可以起飞；若有项目显示黄色，则表示该项需要调整但不影响起飞，建议调整直至显示绿色。

（五）数据获取

开始飞行后，无人机将按照规划航线执行飞行任务，执行任务时地图上将显示实时建图结果。

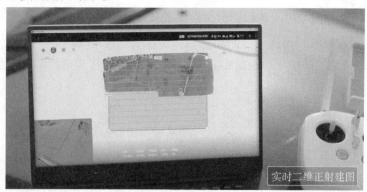

图 5-9 实时建图

（六）数据处理及产品制作

任务完成后，无人机将根据所选的"任务完成动作"执行相应的动作。软件进入图片后处理阶段，将已拍摄的图片再次处理，以获得更高精度及更多放大层级的建图结果。图像处理完成后，可以放大地图层级查看更高精度地图，也可以把拍摄照片导入其他后期软件进行合成。

图 5 – 10　重建

（七）特殊情况

1. 在所有任务中，若 GNSS 信号弱无法准备定位，则无人机将自动退出任务，回到普通飞行模式。信号恢复后，可以选择继续执行任务，无人机将从最后一次有信号时记录的任务进行位置继续执行任务。

2. 智能低电量：在任务过程中，若无人机电量仅足够完成返航过程，遥控器将发出提示音，持续数秒后无人机将停止任务并自动进入返航过程。可短按一次遥控器上的"智能返航"按键取消返航。更换电池后可以选择"继续任务"，无人机将从停止处继续执行任务。

3. 低电量/严重低电量：若无人机电池电量低于 DJI GO 4 APP 中所设低电量报警阈值，遥控器将发出提示音。若飞行器电池低于 DJI GO 4 APP 中所设严重低电量警报阈值，遥控器将发出提示音，同时无人机将停止任务并自动降落。更换电池后可以选择"继续任务"，无人机将从停止处继续执行任务。

第三节　实景三维模型

构建实景三维模型，首先，通过无人机搭载的传感器，从垂直、倾斜等不同角度完整采集对象区域的影像。其次，把得到的影像通过多种技术手段进行处理，从而生成大量超高密度的点云数据，常用的技术有多视影像联合平差、多视影像关键匹配、数字表面模型生产和真正射影像纠正。最后，经过纹理映射构建真实三维模型。

图 5 – 11　实景三维模型

一、实景三维模型作业流程（以 DJI GS Pro 为例）

（一）需求分析

了解任务需求，确定拍摄要求。

（二）勘察

现场勘察确定任务区域环境，包括建筑物高度、信号塔情况、限飞禁飞情况等。确定起降场地及紧急备降场地。进行无人机起飞前的常规检查。

（三）航线规划

1. 分析拍摄主体。

（1）一般主体。对于大多数情况，可采用常规网格模式获取图像，建议主航线上的图像重复率至少达到 75%，主航线间的图像重复率至少达到 60%。摄像机与地面物体的相对高度保持不变。

重叠和飞行高度必须根据地形进行调整。对于森林、茂密的植被区域和平坦的农田地区，建议主航线上的图像重复率不低于 85%，主航线间的图像重复率不低于 70%，同时要增加飞行高度，以便检测重叠图像之间的相似性。涉及红外图像的项目，主航线上的图像重复率和主航线间的图像重复率均不能低于 90%。

（2）建筑物。拍摄建筑物可以使用 DJI GS Pro 的环绕模式。环绕模式生成的航线为不同高度上的环形路线。纵向的路线为主航线，每拍完一条主航线，无人机会以直行方式移动到下一条主航线继续拍摄。

（3）城市。城市地区的三维重建需要双栅格图像采集方式，以获取建筑物的完整轮廓。重叠率可参照一般主体。

为了得到清晰完整的图像数据，相机应该以 −55°至 −80°之间的角度进行拍摄（−90°时相机朝下）。

2. 航线规划（以一般主体为例）。

（1）新建任务。打开 DJI GS Pro 地面站，点击"新建任务"按钮，选择"测绘航拍区域模式"，点击"下一步"，输入任务名称，然后点击"确认"进入任务编辑模式。

（2）规划航线。直接点击地图上的位置，添加边界点。或直接将飞行器飞至所需位置，然后使用飞行器当前位置添加边界点。

3. 编辑边界点。

点击航点或边界点可选取一个点，点被选中时为蓝色，未被选中时为白色。拖曳该点可以改变区域形状或航线方向，也可以通过航线经纬度坐标改变航点位置。将鼠标放在两点间的线段上然后点击，则可在此线段上插入一个新的点。

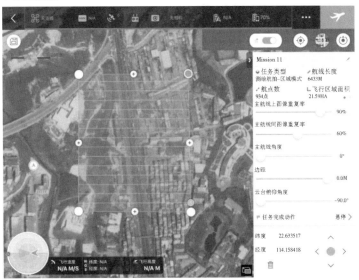

图 5 − 12　航线编辑

4. 参数设置。

（1）相机朝向可设置为"平行于主航线"；

（2）拍照模式可设置为"等距离间隔拍照"；

（3）航线生成模式可设置为"区内模式"；

（4）飞行速度建议设置在 5～10m/s；

（5）飞行高度根据任务要求进行设置，飞行高度要高于任务区域内障碍物的高度，飞行高度越高任务完成的时间越短，但是图像的分辨率随之越低；

（6）在"高级设置"中可以设置主航线上的分辨率，以及主航线间的分辨率，建议主航线上图像重复率不低于75%，主航线间图像重复率不低于60%；

（7）主航线角度需要根据实际情况设置，可参考长航线原则调整主航线角度；

（8）云台俯仰角度设置为 -90°；

（9）"完成动作"方式根据实际需要选择。例如，需要无人机在执行任务结束后回到起始点，可以选择"返回起始点悬停"选项。

图 5 - 13　参数设置

（四）飞行检查

点击"开始飞行"，弹出飞行准备列表，等待航线上传至无人机。同时按照列表进行检查和调整，直至所有项目显示为绿色，表示可以起飞；若有项目显示为黄色，则表示该项目需要调整，虽不影响起飞，但建议调整至显示为绿色。

（五）数据获取

起飞后，无人机将按照已规划航线执行飞行任务。但是飞行过程中有可能出现各种突发状况：

1. GSNN 信号弱。在所有任务中，若 GNSS 信号弱无法准确定位，无人机将自动退出任务，回到普通飞行模式。信号恢复后，可以选择"继续任务"，无人机将从最后一次有信号时记录的点继续执行任务。

2. 智能低电量。无人机在执行飞行任务过程中，若剩余电量不足，仅能保证立即返航至预设回家点时，遥控器将发出提示音，持续几秒后无人机将停止任务并自动进入返航状态。如需取消返航，可短按一次遥控器上的"智能返航"按键。更换电池后可以选择"继续任务"，无人机将直接飞往任务中断处继续执行任务。

3. 低电量/严重低电量。当无人机电池电量低于 DJI GO 4 APP 中所设低电量报警阈值时，遥控器将发出提示音提醒。当无人机电池低于 DJI GO 4 APP 中所设严重低电量报警阈值时，遥控器将发出提示音，同时无人机将停止任务并自动降落。更换电池后可以选择"继续任务"，无人机将从任务中断处继续执行任务。

（六）数据处理及产品制作

任务完成后，把无人机上的 SD 卡取出。将资料拷贝到计算机中，用后期软件进行处理。常用的后期软件有 Photo Scan，它是一款基于影像自动生成高质量三维模型的优秀软件，可生成高分辨率真正射影像（使用控制点可达 5cm 精度）及带精细色彩纹理的 DEM 模型。Photo Scan 使用方法如下：

1. 建立文档。

（1）点击"文件"，在下拉菜单中选择"保存"，保存文件"项目名称"。

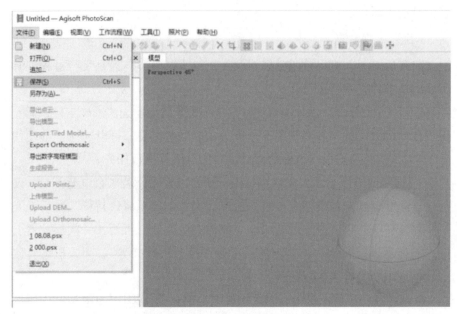

图 5 - 14　建立文档

（2）添加图片，把 GS Pro 拍摄的图片都导入软件，点击"工作流程"，选择添加照片。

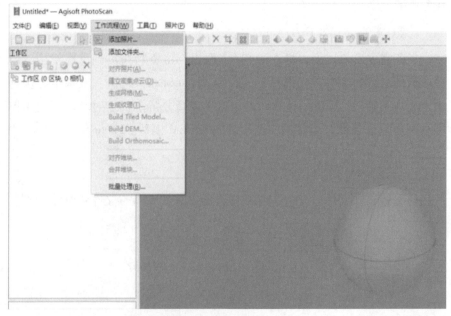

图 5 - 15　点击工作流程

（3）添加完成后效果如图 5 - 16 所示（注意：务必删除无关照片，否则将影响最终结果）。

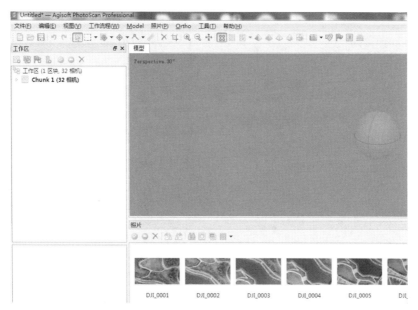

图 5 - 16　添加照片

2. 生成图像。

（1）点击"工作流程"，选择"对齐照片"。

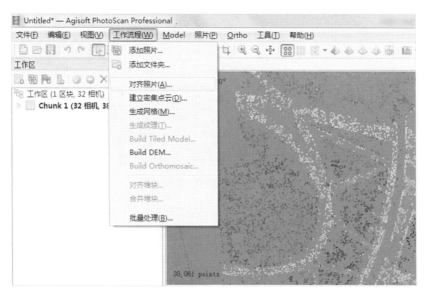

图 5 - 17　对齐照片

（2）对齐后效果如图 5 – 18 所示。

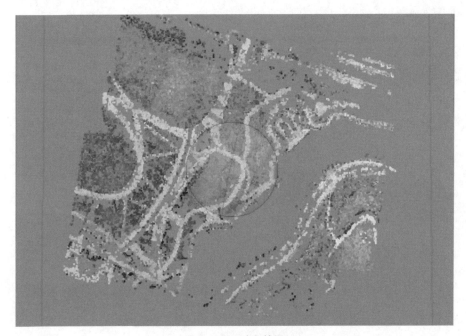

图 5 – 18 对齐效果

（3）点击"工作流程"，选择"建立密集点云"。

图 5 – 19 建立密集点云（1）

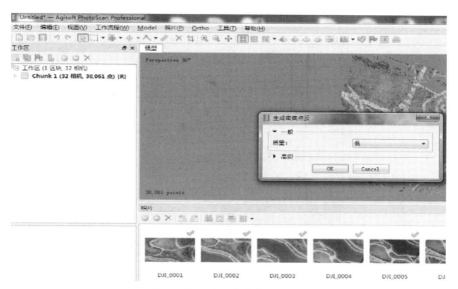

图5-20 建立密集点云（2）

在获取物体表面每个采样点的空间坐标后，得到的是一个点的集合，称为"点云"，根据摄影测量原理得到的点云，包括三维坐标（XYZ）和颜色信息（RGB），稀疏点云或密集点云都是逆向造型的基础。点云数据除了具有几何位置以外，还具备颜色信息。颜色信息通常是通过相机获取彩色影像，然后将对应位置的像素的颜色信息赋予点云中对应的点。

（4）点击"工作流程"，选择"生成网格"。

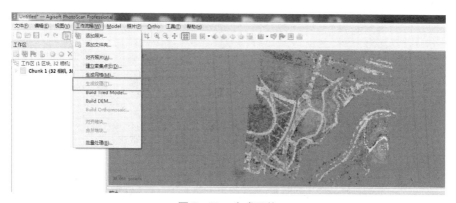

图5-21 生成网格

当以上步骤都完成后，图像能在软件内查看。

（5）点击"工作流程"，选择"生成纹理"。

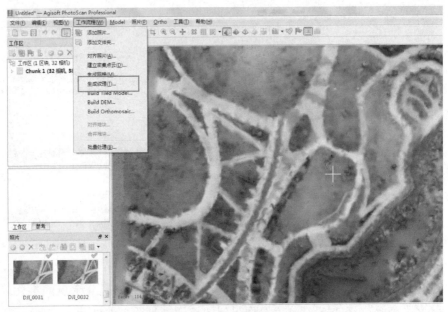

图 5 - 22　生成纹理

完成以上步骤得到的图像，可以清晰辨认出楼层数量，也可以从多角度观察目标位置建筑物及周边情况，还可以测量点与点之间的距离。

图 5 - 23　测量距离

3. 模型输出。

Build Tiled Model：构建平铺模型。

Build DEM：构建数字高程模型（Digital Elevation Model）。

Build OrthoMosaic：构建正射影像图。

（1）点击"工作流程"，选择"Build DEM"。

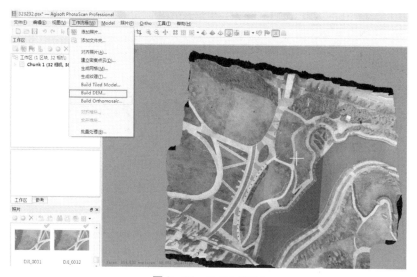

图 5 - 24　Build DEM

（2）点击"文件"，选择"导出"，在下级菜单中选择"导出模型"。

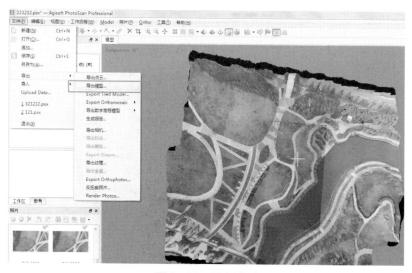

图 5 - 25　导出模型

（3）保存类型有多重选择。

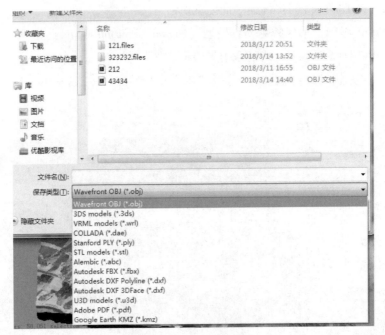

图 5 - 26　保存类型

obj 文件是 3D 模型文件格式。由 Alias|Wavefront 公司为 3D 建模和动画软件 "Advanced Visualizer" 开发的一种标准，适合于 3D 软件模型之间的互导，也可以通过 Maya 读写。

3ds Max 建模软件的衍生文件格式，做完 Max 的场景文件后可导出成 3ds 格式，可与其他建模软件兼容，也可用于渲染。

图 5 - 27　3ds 格式模型

二、图片输出

1. 点击"工作流程",选择"Build OrthoMosaic"。

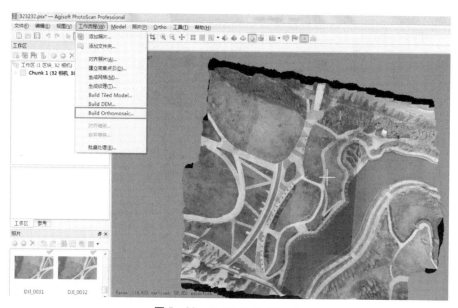

图 5-28　Build OrthoMosaic

2. 点击"文件",选择"导出",选择"Export Orthomosaic",选择"导出 JPEG/TIFF…"。

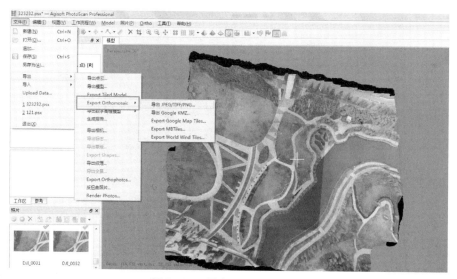

图 5-29　导出 JPEG/TIFF…

文件格式对比：

格式	优势	弱势	作业体积（参考）
JPEG	体积小，方便储存和传输	只支持 24 色，图片压缩严重	29.6M
PNG	压缩比高，支持 48 位真色	尺寸增大，相较于 JPG 格式质量提高不明显	213M
TIFF	支持多个图层，保留多种色彩	体积大，不便于传输	484M

3. 导出后效果如图 5 – 30 所示。

图 5 – 30　导出图片

三、模型绘制的问题

1. 图片无法对接。添加图片时，所有需要拼接的图片都应储存在同一文件夹下，否则图片将无法对接。

2. 图片无法对齐。拼接图片时，出现色块，无法对齐，说明有无关图片混入，此时应检查所有图片，删除无关图片。

3. 图片显示异常。图片对齐后只显示灰色，不具备任何地图特征。在添加图片时需要注意，选择添加文件夹后，应区分相机，或者重新添加图片并区分相机。

第六章　无人机应用流程

第一节　无人机机型选择

无人机具有最大飞行速度快、加速度高、视野范围广、机动灵活的特点。特别适用于突发事件的紧急部署，相关机型可搭载五光吊舱，从而具备星光夜视、长焦、广角、激光指示、红外光视觉的出色能力。能够适应7级大风天气及白天夜间的飞行任务。其具备垂直起降功能，对于受到起飞场地限制的情形也非常适用。

安防无人机综合指挥作战针对安保指挥中心日常勤务及临时作战的需求配备不同型号无人机及搭载设备，可以实现对重点区域的覆盖，达到快速反应、大面积感测、事前预防及现场喊话的效果，改变了以往应急事件处理以地面信息为主的局面。通过无人机的空中侦查可以实时监测现场情况，同时将视频信息传输至指挥中心平台，指挥部可以根据现场信息进行决策。在难以抵达的事件现场，可以通过无人机所配备的喊话器进行喊话，指挥现场。

无人机有多种机型和配置可供选择，可以根据起降场地、续航时间、预算等需求选择。建议根据应用场景及执行任务的需求分析，选择采用大型、中型及小型无人机搭配使用，需要高清、可变焦及专业热红外镜头等多种类型镜头配合使用。野外复杂场景或气象条件较恶劣的情况下需采用大型无人机，电机轴距在1米以上级别。日常巡逻追踪等情况可以采用中等规模机型，电机轴距在0.5米级别，速度需要达到每秒20米。普通现场勘查、大型场馆内部低飞悬停摄像等场合采用小型无人机即可，电机轴距在0.3米级别。特殊场景，比如夜晚树林内的嫌疑人追踪，火灾现场的侦查等则需要热红外镜头的使用，平时道路的远端侦查则需要可变焦镜头等。

针对日常勤务需要，可配备小型无人机，通过定制化飞行软件与无人机指挥作战平台实时互联，能够将日常勤务拍摄的图片数据上传至数据平台存储，同时支持指挥平台调取无人机空中实时影像。针对临时警务或安保需求，使用中型无人机搭配高倍率变焦镜头，大型无人机搭载喊话器等设备，支持指挥作战平台远程实时操控云台相机进行现场远程监控。

第二节　无人机应用场景的确定

综合各方面情报信息，根据事件的性质、规模、区域范围、管控预期目的等确定应用场景。具体包括人员数量、危险程度、任务现场附近警力配置情况、预期危险程度、任务区域情况、任务区域地形、气象条件、任务预期目的等。通过综合分析，掌握并了解任务区域飞行的基本情况。可执行治安巡逻、高速公路路段巡逻、特定区域巡逻、边境巡逻、口岸巡逻等任务。

可发挥空中警戒、高空巡查、疏散驱离、嫌疑人车辆追踪、目标锁定、违法取证、空中排查等作用。

一、无人机在自然灾害中的应用

自然灾害是自然界中所发生的异常的对人类社会造成危害的现象和事件，如地震、火山爆发、泥石流、海啸、台风、龙卷风、洪水等。此类自然灾害会破坏道路，影响交通；破坏房屋建筑物；威胁人类生命。无人机因其机动、灵活及安全的特性，在处理应急指挥此类事件时比传统工作方式有着无可比拟的优势。

2015年7月3日，新疆和田地区皮山县发生6.5级地震，自治区测绘地理信息局快速作出响应，利用无人机在黄金72小时内完成了灾区各类影像的获取工作。无人机先后在重灾区采集了约100平方千米、地面分辨率为15厘米的影像。这些基础影像资料为后续的抗震救灾、灾情评估等工作提供了信息支撑。

二、无人机在事故灾害中的应用

事故灾害，是指由于事故的行为人出于故意或过失的行为，违反治安管理法规和有关安全管理的规章制度，造成财物损失或者人员伤亡，并在一定程度上对社会或内部单位，或居民社区的治安秩序和公共安全造成危害的事故。主要包括工矿商贸等企业的各类安全事故、交通运输事故、公共安全设施和设备事故、环境污染和生态破坏事故等。无人机在此类事件中的应用也越来越广泛。

2015 年 8 月，天津滨海新区瑞海公司危险品仓库发生事故，市规划部门在接到应急测绘指令后迅速反应，部署测绘、应急航空摄影等工作。作业团队携带固定翼无人机 2 套、六旋翼无人机 1 套，测量设备若干前往滨海新区事故现场。此次无人机飞行任务先后获取 45 张高清航片，经数据处理，制作出一幅 8 厘米高分辨率正射影像图，供现场指挥人员及市应急指挥部门使用。

三、无人机在社会安全事件中的应用

近年来，随着我国经济改革的深化及经济建设进程的加快，各种矛盾凸显，各种群体事件层出不穷，其规模渐渐呈现扩大化的倾向、频率也在不断地加快，严重影响了正常的社会和生产生活秩序，危及人民群众生命财产安全并损害社会的公共利益。武警部队作为维护国家安全的一支重要武装力量，处置突发事件、保证人民生命财产安全是武警部队中心任务之一。为了更好地完成任务使命，武警部队也在不断加快其信息化的程度。近些年无人机不断发展，载荷的应用范围和领域也在不断拓宽，为执行不同任务创造了有利条件。当该类事件出现时，由于参加的人员众多，容易缺乏理智，现场很难控制。在处置过程中可通过无人机搭载扩音设备对现场进行喊话，传达领导意图，控制人群情绪。同时，指挥中心通过无人机直接监视现场情况，跟踪目标人物，必要时也可与其进行对话，以缓解矛盾，控制事态发展。

第三节　无人机飞行计划的制订

一、飞行计划的概念

飞行计划，是指飞行执行人员为达到其飞行活动的目的而制订的计划，飞行计划的制订包括运行安排有关航空器、操作人员、航路、航线、空域、起降场地、飞行时间安排等内容的飞行活动方案。

二、飞行计划的制订

无人机的飞行计划要根据不同任务而制订，无人机指挥作战平台将飞行任务划分为两大类，即航线任务与区域任务。每次飞行计划的基本元素包括：安防工作人员信息（包括姓名、所属单位等）、无人机信息（包括无人机型号、编号、识别码等）和飞行任务基本元素（包括起飞降落点坐标、飞行任务类型、执飞日期、运行时间和飞行气象条件等）。飞行计划的执行有两种方式，一种为安防工作人员申请执行自主飞行任务，另一种为指挥作战平台下达指定飞行任务。安防工作人员通过飞行软件提交飞行计划，完成飞行计划的申报，指挥作战平台接收到任务申请，管理员依据作战平台中无人机信息及飞行计划格式内容要求，对提交的飞行计划进行校验。同时根据无人机的飞行任务及内容，结合无人机性能、飞行环境、气象约束进行飞行任务审核，审核通过则下达可以执行的命令，地面空勤人员根据指令进行飞行任务的执飞工作。日常巡逻飞行任务及临时飞行任务由指挥作战平台统一下达，安防工作人员接获飞行任务到达现场后点击执行任务，无人机即可按照预设飞行任务自动执行。

第四节　无人机飞行准备

一、飞行前的准备工作与飞行任务

在开始飞行之前要充分做好准备工作，准备工作大致可以概括为以下内容：

1. 了解任务内容、执行时间、执行区域；

2. 提前查询任务执行期间的气象条件；

3. 确定运行场地满足无人机使用说明书所要求的运行条件；

4. 提前制定任务飞行航线，并对飞行航线进行模拟验证，航线规划时应尽量避开限制飞行区域，必要时须向主管单位申请获取飞行许可；

5. 检查无人机各组件状况，确认各组件运行正常、电池或燃油的储备充足、通信链路信号等满足运行要求，必要时还需要做好设备的冗余备份，保障设备的可靠稳定运行；

6. 制定紧急情况的处置预案，预案中应包括紧急情况下的处置操作、备/迫降地点等内容。

二、空域申请

根据《无人驾驶航空器飞行管理暂行条例（征求意见稿）》，对无人机飞行活动的空域申请有以下要求：

"第三十七条 从事无人机飞行活动的单位或者个人实施飞行前，应当向当地飞行管制部门提出飞行计划申请，经批准后方可实施。飞行计划申请应当于飞行前 1 日 15 时前，向所在机场或者起降场地所在的飞行管制部门提出；飞行管制部门应当于飞行前 1 日 21 时前批复。

国家无人机在飞行安全高度以下遂行作战战备、反恐维稳、抢险救灾等飞行任务，可适当简化飞行计划审批流程。

微型无人机在禁止飞行空域外飞行，无需申请飞行计划。轻型、植保无人机在相应适飞空域飞行，无需申请飞行计划，但需向综合监管平台实时报送动态信息。

第三十八条 无人机飞行计划内容通常包括：

（一）组织该次飞行活动的单位或者个人；

（二）飞行任务性质；

（三）无人机类型、架数；

（四）通信联络方法；

（五）起飞、降落和备降机场（场地）；

（六）预计飞行开始、结束时刻；

（七）飞行航线、高度、速度和范围，进出空域方法；

（八）指挥和控制频率；

（九）导航方式，自主能力；

（十）安装二次雷达应答机的，注明二次雷达应答机代码申请；

（十一）应急处置程序；

（十二）其他特殊保障需求。"

在实际工作中，申报空域需要提供的内容如下：

1. 任务来源件；

2. 使用空域时间；

3. 使用空域机型、架数、操控人员信息；

4. 使用空域水平、垂直范围；

5. 巡线时是否航拍；

6. 进出空域方法及通信方式。

准备齐全后报所在地战区空军航管部门审批。

三、设备检查

（一）环境安全检查

飞行前，首先要做的就是观察飞行环境，确保周边没有影响飞行安全的障碍物，如电线、电塔等；同时应当确认飞行地区是否处于禁飞区、限飞区，不要违反当地法律、法规；此外飞行区域应当避开建筑物和人群，以免造成危险。

（二）机身检查

无人机是复杂的电子机械设备，飞行中机身会承受很大的作用力，可能导致一些物理损坏，飞行前的机身检查有助于及时发现损坏，保证飞行安全。机身检查应当包含以下项目：机身是否有裂纹；螺丝钉或紧固件有无松动或损坏；螺旋桨有无损坏、变形以及安装是否紧固；电池安装是否牢固。

（三）无人机控制系统检查、校准

该步骤为飞行前检查中最复杂的步骤，目前多数无人机都配有直观、简洁的 APP，便于检查。控制系统检查、校准主要包含以下项目：无人机电池电量是否充足；遥控器电池电量是否充足；磁罗盘是否正常；GPS 卫星数是否满足安全飞行要求；云台系统是否正常。其中，磁罗盘如果有异常现象，则需更换起飞地点或对磁罗盘进行校准。

（四）工作现场检查

记录飞行地点、任务性质、飞行日期、检查人员；检查现场环境是否符合飞行要求；设备应摆放整齐、有序，放在不易被踩踏和碰撞的位置；检查设备组装与天线架设是否正确。

（五）地面站检查

检查监控主机，应无损伤、放置稳固；各类线缆无损伤、无折痕、不相互缠绕；接插件无水、霜、尘、锈，针、孔正常接触，无变形。

（六）设计数据检查

检查地面站地图与航线调用、规划是否正确。

（七）任务设备检查

检查吊舱外观是否完好，吊舱光学设备保护外罩应无损伤、划痕；双目模块、双目主控外观应完好，无划痕、损伤等异常情况，镜头表面应洁净、无污染。

（八）通电检查

完成电调上电自检，检查电量、电压信息，信号干扰、遥控响应无异常；检查数据传输链路、飞控通道是否正常；检查校准各种传感器参数；检查吊舱的姿态控制与图像数据切换功能；检查矢量旋翼的倾转功能。

（九）试车检查

在开车状态下，检查飞控传感器、舵面响应、电机响应、转速等是否正常。

四、注意事项

禁止粗心或鲁莽的操作，任何人员在操作无人机时不得粗心大意和盲目蛮干，以免危及他人的生命或财产安全；无人机驾驶员在饮用任何含酒精液体之后的 8 小时之内或处于酒精作用之下或者受到任何药物影响及其工作能力对飞行安全造成影响的情况下，不得操控无人机。

同时，务必确保做好下列飞行准备工作：组织、确定参与飞行任务的人员和设备；明确任务内容，完成人员的任务分工；完成无人机等设备的安装、调试和飞行前检查；记录飞行准备过程中的各种信息。

第五节　无人机任务执行要点

一、航拍画质的稳定

无人机在使用过程中会遇到阵风、建筑物遮蔽等多种环境干扰事件，这就对操作手提出了较高的要求。通常来说，现在的航拍无人机产品在风力小于 3 级时都能提供较为稳定的拍摄画面，但是想要对新闻画面的质量有更高要求，还是需要加装设备并掌握一些技巧。

安防无人机与消费级无人机有很大的不同。消费级无人机的拍摄比较随心随性，通常只用拍摄出分辨率较高的俯瞰画面就能够让消费者满意。而安防无人机则需要在一定的时间内对目标物体进行持续拍摄，并且其拍摄距离和角度都要符合安防拍摄的要求，对于目标凝视和画面防抖都有一定的限制。

为了同时满足平稳飞行和高质量画面两个条件，在安防无人机上安装稳定平台是必要的。该平台可以隔离空气吹拂和机体振动等扰动，使无人机能持续提供清晰的视频图像。另外，有的平台还能快速响应控制信号，使摄像头的视轴能够时刻跟随目标，进行跟踪拍摄。因此，带有云台的无人机需要无人机操作手和云台操作员的通力合作才能更好地完成拍摄任务。

对云台的熟练应用可以让无人机在较大的风力中也能拍摄出画质较好的影像，云台则能隔离无人机的机身变化对摄像机的影响，使无人机安心应对阵风干扰。

无人机上的减振垫和减振橡胶可以改善拍摄质量，能够减少机体振动对飞控部件的影响。这一点往往会被初次使用无人机的操作手所忽略。实际上，再好的云台也难以完全消除无人机因飞控受机体振动激发出来的飘摆运动对画面的影响。当飞控没有通过减振垫与机体连接的时候，无人机拍摄出来的画面会产生扭曲现象。这在拍摄高层建筑的外墙或者笔直公路的时候会尤其明显。

二、特殊环境的使用

使用无人机在零下十几度的环境中持续作业，这对无人机和操作手提出了更高的要求。减振橡胶的减振效果对温度较为敏感。在温度较低的环境中进行作业时，要注意提前更换减振橡胶或者减振柱，使用针对低温环境进行过特殊处理的橡胶，以确保减振效果在低温环境中的有效性。

另外，对于采用锂电池驱动的无刷电机为动力来源的航拍无人机来说，低温环境对电池的影响是个不容忽视的问题。在中国北方冬季进行作业会经常遇到智能手机因在低温环境中通话而迅速失电并自动关机的情况。当电池温度低于15℃，其化学活性已开始降低，电池的内阻开始增大。因此，在低温环境中拍摄的无人机在正式进行航拍作业之前，要带电低空短暂悬停，以便操作手了解无人机整机在低温环境中的表现情况，对飞行计划进行调整，同时利用电池的自身发热来抵御严寒的不利影响。在掌握当地天气情况并对光照、风力等因素进行通盘考虑后，还应时刻监控无人机的状态。另外，应当适当调高无人机电池的报警电压，以便适应锂电池在低温环境中陡峭的降压曲线。

在高原地区进行飞行拍摄任务时，较小的空气密度使无人机的旋翼需要更高的转速来产生足够的升力，此时无人机的耗电速度要比平时快。操作手要注意时刻监控电池状态，以免无人机坠落。另外，高原地区往往阵风频发，无人机在抵御大风时也会增加耗能。因此，在高原作业时，操作手要准备多块电池，随时准备替换。

三、操作方法的转变

无人机的引入对安防工作人员的专业技能提出了更高的要求，进行跟踪作业的无人机的典型操作流程是：摄像头在转台带动下扫描，以确保无人机拥有较大的搜索范围，便于发现地面目标；一旦发现目标，地面操作手须快速判断其是否为需要监视的目标，并采用人机交互的方式通过数据链上传目标初始种子点坐标；当目标位置确定后，无人机便按照预先设定的跟踪算法进行跟踪。由此可见，无人机虽然有发现目标和跟踪目标的能力，但是在目标选择、信号传输以及最终决策等环节，仍然需要安防工作人员的参与。在安防无人机提供的信息足够多，而被跟踪目标的移动速度又非常快的情况下，安防工作人员识别和判断目标的压力会变得非常大。而安防工作人员的侦查载具由警车变为安防无人机时，其思维方式也应该由二维转变为三维，在决策过程中接收到的信息量会激增，而用于决策的时间则会骤减。以上需要任务操作人员具备熟练的操作能力，以应对不同使用场景下的任务执行。

无人机安防应用操作步骤

任务操作人数	2 人	任务准备时间	3 分钟
最大任务半径	10 千米（往返）	最大抗风等级	7 级
序列	操作项	执行目的	任务状态
1	开启无人机及地面站系统	系统开机、载荷自检及整体飞前检查	飞前检查
2	在地面站进行作战任务规划	规划应急区域路线，一键起飞	任务规划
3	全自主飞行，进行载荷监控	常规飞行高度 200 米左右，从起飞点到达应急巡航区域，在区域内利用 30 倍变焦可见光及红外光对规划路线内的区域进行全局监控，利用加速度快的特点及高机动性迅速切换监控区域，把现场信息实时回传指挥中心，为决策提供实时现场情报	任务执行
4	任务结束后全自主悬停降落或全自动返航降落	任务结束、无人机回收	任务结束

当巡逻过程中发现异常需要进行目标锁定时，需要将无人机切出全自主巡航模式，通过实时图像手动操控无人机对目标进行锁定、追踪，待锁定或追踪任务完成后，再切入全自主巡航模式进行自主飞行巡逻。

飞行任务执行完毕后，确保返航线路及降落场地环境安全，操作手可以通过遥控器人工操控无人机飞行，也可以通过飞控系统控制无人机自动飞行，具备增稳飞行、航线飞行等飞行模式。鉴于无人机优秀的安全设计，无论何时停止遥控器操作，无人机都会自动悬停在空中；若遥控器信号中断时间超过 30 秒或者电池电量过低，无人机会自动缓慢降落到地面或按照预定方案自动应对。遇到特殊情况，操作手可以随时发出指令让无人机自动返航。

无人机在安防活动中的操作步骤：

第一步：无人机起飞，迅速赶到现场布控，将现场信息实时反馈给指挥中心；

第二步：对目标进行锁定、了解周围环境，为指挥中心作出进一步作战决策提供依据；

第三步：实施指挥中心的决策，无人机进行全程监控，如有特殊情况，随时调整作战计划；

第四步：任务完成，无人机返航、降落。

比如，厦门市公安局指挥情报中心无人机小组就根据日常勤务及临时活动或作战需求，制订了科学的飞行计划表，通过无人机综合指挥作战平台对警务空勤人员进行管理，每位空勤人员对应一个飞行账号，接到任务领用无人机后，飞行软件会实时将空勤人员信息及无人机型号和状态信息上传至指挥作战平台，方便后台人员监管。既方便管理空勤人员，又方便了任务航线下达及监管，每月自动生成空勤人员飞行记录及总结，方便绩效考核。

图6-1 厦门市中山路商业街无人机巡逻区域示意图

无人机作为地面巡逻的空中视角，能够补充和辅助日常巡逻、联勤及反恐等行动，厦门市公安局指挥情报中心无人机小组协助辖区范围内的公安、武警、消防、城管等执法部门的无人机使用调度及任务执行。无人机小组实施动态备勤，每日重点时间段在厦门市政府、中山路商业街、厦大白城片区、曾厝垵片区、火车站等重大片区参与空中巡逻防控工作，重点加强对厦门市车站、码头、商业圈等治安复杂、人流密集区域的巡逻、防控工作。辖区派出所每日对各自辖区的城中村进行空中巡逻，拍摄重点区域的航拍照片，通过 4G 网络实时上传至作战平台进行研判。

执行任务的警用无人机的飞行路线由作战平台通过前期考察记录下达，空勤人员现场自动执行任务航线即可进行空中巡逻，在便利的同时最大限度保障了安全，减少了操作手操控对无人机的不利影响。作战平台可以临时划定地理围栏，将执行任务的无人机框选在指定区域，保障任务的顺利执行。

第六节　无人机的数据分析与研判

一、数据收集准备

数据准备包括数据采集、清洗、转换和数据集成。数据采集既包括具体案件发生后无人机进行现场勘查任务所采集的图像数据、结合获取的现场历史数据，也包括准备的与案件相关的大平台数据，更重要的是按照相关性理念，向社会采集相关的各种数据。数据清洗是指清除数据噪声和与挖掘主题明显无关的数据。数据集成是将来自多个数据源、不同结构的相关数据组合在一起。数据转换就是对数据进行一定的格式转换，使其适应数据挖掘系统或挖掘软件的处理要求。

二、技术利用

对于互联网、大数据时代，最重要的就是数据，是从数据中挖掘的智能和情报。运用大数据分析挖掘数据库、自然语言学习等技术，可以实现百亿级别记录的收集、存储和秒级的实时分析，有效地解决了大数据时代数据分散、割裂、难以统一处理的难题。

三、数据存储

安防无人机图像数据收集后，需要对数据进行存储，目前一般的存储方式是本地存储，适合小范围的安防工作人员查看、分析。实际上这样的数据存储方式不仅不适合深度数据挖掘的需求，而且也不适合一个更大、更分散的团队。将收集到的数据上传至大数据服务器，不仅极大地扩充了数据存储的空间，保证了历史飞行数据的完整性，而且也适合深度数据挖掘的开展。

四、明确问题和确定分析思路

侦查过程是一个问题求解的过程（比如是谁在什么时间用什么工具作案等一系列问题）。根据现有的数据，如现场勘查、现场访问等收集的信息以及采集到海量数据情况，明确侦查要求解的问题，并对问题具体化和数据化。然后根据明确的问题确定具体分析思路。

五、确定目标和验证阶段

通过大数据分析，可能会产生两种结果：一是缩小了侦查范围，这当然还需要进一步线下查证，以确定犯罪嫌疑人。二是确定了犯罪嫌疑人，但这仍然需要线下查证。这是因为数据只是事实的镜像，其确定只是一种概率以及数据证明与法律证明体系的间隔，所以需要从现实关系上进一步查证，把数据确定转换为法律确定。

安防无人机系统在警务任务中主要执行的任务有以下几方面：对人的查找、识别、锁定、跟踪、监视；对隐藏犯罪窝点进行排查、锁定、监视、布控、信息收集；对目标车辆进行查找、识别、锁定、追踪、监控；对违法建筑、种植、盗伐、盗采、偷盗、破坏等进行监控、取证；对于道路、桥梁、山地、河流等地形进行信息收集、指挥决策、布控。

图6-2 无人机收集地面信息

在以上的任务执行中，通过无人机实时回传地面站及指挥中心的信息，对人、物品、建筑在不同时间段飞行数据的比对，分析出任务的实效性及任务质量，对下一步任务决策起到决定性的关键作用。随着无人机技术的日趋成熟，无人机应用领域日益广泛。安防无人机利用承载的高灵敏度照相机可以进行不间断的画面拍摄，获取影像资料，并将所获得的信息和图像传送回地面，辅助指挥者进行科学决策和判断，是不可多得的重要工具。

安防无人机获取的数据主要为视频及图片信息，视频以实时视频监控为主，图片则以航片为主，可供指挥中心分析与研判。无人机指挥作战系统平台所配套的无人机飞行软件可以进行现场实时图片拼接与矫正，支持实时测绘及标注，极大地增强了应用性。

第七节　无人机飞行后的维护与总结

任何机电系统都需要相应的保障与支持设备，支持其正常运转，保障与支持设备可针对不同的保障级别配置。对于无人机系统，很多保障与支持设备需要在一线使用，必须随装携带，能够即刻保障支持。另外一些保障与支持设备不需要即刻使用，可以存放在室内固定安全的位置。

一、系统说明书及使用记录

准备系统说明书和系统使用记录，使用记录可以单独使用，作为操作指南与维修手册的一部分。

系统说明书说明系统的主要结构及部件、注意事项及操作方式，包括系统架设、配件清单、检查调整。系统使用记录用于记录系统使用的历史信息，包含任务准备和执行，以及在任务完成之后回收和系统撤收的信息。同时记录的信息包括操作人员、时间和每次任务持续时间、飞行结果及状态，以及任何重要的技术观察结果和评判。

二、消耗品

根据系统大小及数量需求，在控制站上要携带清洁材料、电池、充电设备和其他消耗品，特别是控制站与无人机使用电源设备。出于安全考虑，电池进行长途运输时需单独存放。

三、可更换部件

如果无人机系统是移动的，在远离基地或其他支持范围的情况下，根据预定的工作时间，操作人员必须保证所携带的零部件的种类和数量齐全。

四、易损与视情况更换的部件

易损部件包括那些容易遭到损坏的部件，如在不利的天气条件下降落时可能损坏的部件，包括无人机可拆卸的翼尖、螺旋桨和其他部件。

视情况更换的部件包括电机电池等，在控制站中也需要电池类的部件，这些部件在系统开发阶段就已经确认，并经过验证实验，最终列入维修手册。

五、工具

工具包括日常操作和维修所需要的各种工具，一般覆盖电子、电气和机械等多个类型对象的需要，包括启动和检查设备，如电子测量仪表、电池充电器、力矩扳手，以及测试子系统功能所需要的夹具、锁具等。夹具一般包括检查所需的工具，如用于控制设置和量程检查工具；锁具则可能包括任务载荷功能检查所需要的工具。

与其他保障与支持设备一样，上述工具种类和数量主要取决于无人机系统类型。工具需求在系统设计阶段就会考虑，在系统开发阶段得到修正和确定，工具配备的一个原则是减少所需工具数量，特别是专用工具的数量，主要配备标准的国际通用工具。

六、辅助设备

辅助设备一般被视为无人机系统的一部分，尤其是于控制站车辆配套或集成一起的设备，如发电设备，还有其专有的充电供应和维修设备。

以前，安防工作人员对使用的无人机了解比较片面，认为无人机的设计、组装、调试和飞行是无人机的全部。加上没有太多的连续飞行任务，对无人机的维护保养一直不太在意。经常是飞完后直接装箱，再飞的时候拿出来组装飞行。随着任务的增加,无人机出现的问题渐渐浮出水面。

(一)典型问题

1. 再次飞行时发现零部件缺失,导致无法飞行;

2. 组装过程中发现飞机有损坏的地方;

3. 飞行过程中经常出现发动机熄火、电池异常,甚至在飞行中发生无人机解体的情况。

(二)问题的原因

1. 无人机飞行后没有将零部件和工具归位,导致再次飞行时缺东少西。由于没有规范的管理,回收后的无人机没有固定的存放位置,每次飞行前都需要重新收拾零件、工具和其他辅助设备。加上平时接触无人机的人员比较多,使用工具或者动用无人机零部件没有记录,出现零部件丢失的情况。这是很多无人机操作手在初期的通病。只有从开始制定好规范,对每个工作人员实行问责制,才能有效地避免这种混乱带来的问题。

2. 在飞行后没有对无人机进行全面彻底的检查,不能发现在使用中造成的损坏。无人机和有人机不同,几乎不会在条件良好的机场跑道上进行起降。由于起降场地的条件差,无人机尤其是常规起降的无人机极易在起降过程中因为冲击力大造成局部损伤。而且有些结构损伤是不容易从外表发现的。因此,在每次飞行后都应该对无人机本身进行全面细致地检查,及时发现并处理隐患。

3. 重要的设备需要定期检修,避免长时间使用造成的损坏。无人机是一种长期、重复使用的工具。在多次使用后,一些重要设备容易出现问题。无人机飞行时间长,环境震动大,对电池组的耐用性要求很高。再加上操作手缺乏常识,飞行间隔时间不固定,电池经常满电存储,造成电池性能下降很快。同理,无人机的结构,尤其是连接部分由于经常拆装和震动冲击,容易老化损坏。这些都是需要在维护过程中重点注意的地方。

(三)任务执行结束后的维护

1. 飞行平台检查。如果飞行平台非正常姿态触地,应优先检查碰撞处的损伤情况。检查记录机载电源电压(V),检查吊舱、双目视觉系统、舵机、飞控、电动机的供电线缆连接情况是否完好;检查机体、连接件、电机、起落架、天线、飞控、螺旋桨外观有无损伤、变形、污垢,紧固螺栓是否拧紧。

2. 任务设备检查。检查吊舱外观是否完好，吊舱光学设备保护外罩是否损伤、划痕；双目模块、双目主控外观是否完好，是否有划痕、损伤等异常情况，镜头表面应洁净、无污染。

3. 影像检查。检查记录图片数量与预计数量是否相符，相差多少；与POS 数据一一对应；检查图片大小是否是最大值，记录单张影像的大小（大概值，单位 M）；检查视频、图片色彩是否饱满，锐度是否清晰（看地物边缘），反差适中（看阴影部分）；观察地物，判断影像分辨率是否满足设计要求。

4. 整理设备、场所。将无人机系统断电，分解至储存、运输状态；将分解后的无人机装箱，随机工具放入专用工具箱；恢复场所原有秩序。

附录

一、大疆无人机解禁流程

为了维护公共空域的安全秩序，大疆地理围栏系统根据不同国家和地区的管理策略，在全球各地设定了不同限制级别的飞行区域。当在限制区域中执行飞行任务时，可以通过大疆的自助解禁功能解除相应地区的飞行限制。在授权区及附近飞行时，DJI GO 或 DJI GO 4（以下简称 APP）将提示"附近有授权区，是否需要解锁"。点击"确认"，输入手机号或信用卡进行身份信息验证。

验证成功后，点击"解禁"按钮就能完成解禁操作。

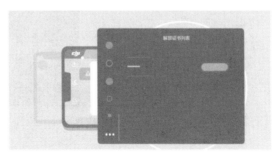

也可以在执行飞行任务前，通过 flysafe 官网解除授权区的限制。首先打开官网，选择解禁区域、解禁机型、账号等信息，完成身份验证。通过验证后，即可将解禁证书下载到 APP 中。

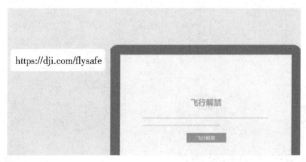

[**特殊解禁**]

除了授权区外，其他类型的禁飞区需要得到管理部门的授权，通过 flysafe 官网进行解禁申请。

当通过人工审核后，系统将发送邮件提醒。届时，可登录 APP 将解禁证书下载到本地进行操作。

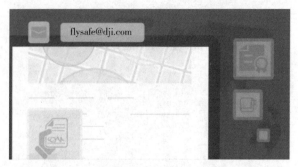

通过解禁申请后，需要通过 APP 下载并启用解禁证书，才能在禁飞区域内飞行。

［管理本地解禁证书］

通过 APP，可以管理和查看解禁证书。首先，连接移动设备和飞行器，打开 APP，进入通用设置——解禁信息列表。

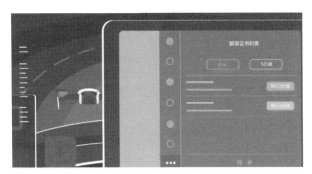

其次，点击"APP"标签，通过下方的"同步"按钮，下载当前登录账号的最新解禁证书。

再次，点击"导入飞行器"，将解禁证书更新至飞行器中，原本的解禁证书将被替换。

最后，在"飞行器"标签页面中点击"同步"，查看飞行器中的解禁证书。在此页面，可根据实际飞行需要，开启或关闭解禁证书。

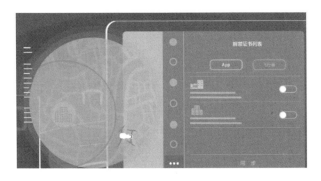

二、大疆经纬 M200 系列无人机维护保养手册

为确保飞行安全，使飞行器持续在最佳状态工作，建议用户每隔一段时间进行一次深度保养。有保养经验的用户，可以不需要完全按照飞行次数和时间要求专门做保养，但仍需仔细阅读本手册。

本手册可以帮助用户了解如何保养飞行器，以最大限度地保障飞行安全。在飞行器状态基本良好的情况下，用户可以参照以下内容自行进行维护保养。

（一）飞行前检查

1. 电机是否转动顺畅。

2. 螺旋桨是否安装到位。

3. 机臂旋钮是否拧紧到指定范围。

4. FPV 各轴是否顺畅。

5. 起落架是否固定紧，固定销钉是否完全插入紧固槽。

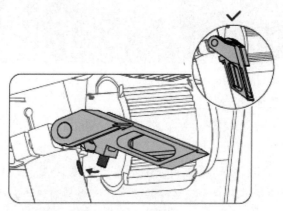

6. SD 卡盖和尾部防水防尘盖是否盖紧。

7. 安装上云台时，注意云台连接线妥善固定，避免连接线影响螺旋桨工作。

8. 使用上置单云台时，请安装外置 GNSS 天线，并检查外置 GNSS 连接线绕过机臂下方后连接至机身尾部对应接口。

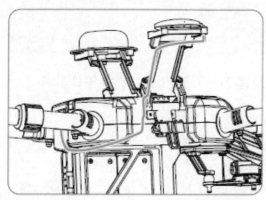

9. 使用 M210RTK 飞行器时，需检查 RTK 天线是否固定到位，锁紧固

定螺丝。

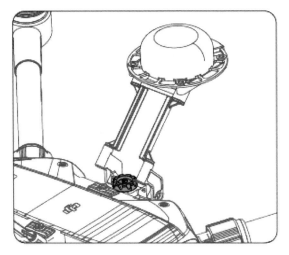

（二）飞行后检查

1. 检查以下部件，避免进水。

（1）电池雨后飞行检查，每次雨中飞行后注意电池和飞行器之间的公母接头是否干燥，雨中飞行后需要擦干 W 机和电池之后才能保存飞行器和电池。

（2）电池接插件雨中飞行后需要注意是否有积水，有则需要擦干后才可以继续工作。

（3）特别注意擦干 FPV 云台和 Roll 轴。

（4）注意擦干机臂接头、相机臂、连接座之间的积水。

（5）机尾接口打开擦干，保持整洁干燥。

（6）注意擦干下云台接口。

（7）检查云台相机是否有沙石、水，适当擦拭晾干。

（8）如日常不需使用上置云台，请将上云台和外置 GNSS 天线取下。

2. 检查以下部件，避免进沙。

（1）机臂连接件需要吹气清理干净。

（2）手动拨动 FPV，检查各轴是否顺畅。

（3）电机是否有杂音，转动是否顺畅。

（4）扬声器口要注意清理，保持干净。

3. 磨损和松动检查。

（1）云台防脱绳是否拧紧，绳子是否磨损，如有，则更换直径 0.5mm

的渔线。

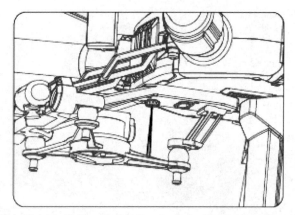

（2）起落架快拆扣的螺丝松紧是否合适，确保能够很好地固定起落架。

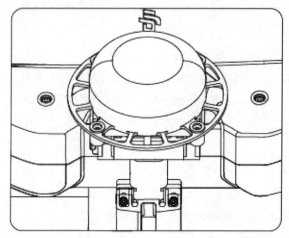

（3）电池仓电池弹出按键是否能正常弹出电池，电池是否卡紧。

（4）桨座的螺丝是否松动，弹簧弹性是否良好，确保没有异物卡住弹簧。

（5）确保机臂连接件转动顺畅。

（6）顶部红外传感器镜片避免磨损。

（7）检查易损件：螺旋桨、起落架、电机。

（8）起落架松动标准：根据划线判断螺丝是否松动，开锁扣的情况下是否能拔出起落架。

（9）保持视觉系统清洁，避免划伤。

（10）检查电池开关有无破损，避免用尖锐物按压开关。

（11）检查电池指示灯防水贴纸是否脱落。

（12）检查外置 GNSS 线材及插头是否损坏。

（13）检查云台减震球是否塑胶老化破裂、漏液。

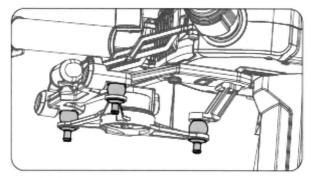

4. 存放注意事项。

（1）切勿使电池仓碰触地面，避免损伤下视视觉系统。

（2）务必将电池存放在干燥环境中。

三、大疆经纬 M200 系列智能电池使用手册

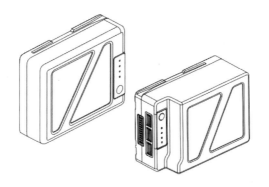

（一）使用

1. 每次飞行之前，确保电池充满电。

2. 若飞行器进入低电量报警模式，应尽快降落并停止飞行，更换新电池或者对电池进行充电。

（二）充电

1. 智能飞行电池在充满时将自动停止充电。建议电池充满之后断开与充电器及充电管家的连接。

2. 推荐两块电池保持同时充/放电使用，以获得最佳供电性能。推荐

使用 DJI GO 4 APP 配对功能，并对配对电池进行标记。

（三）保养

每隔 3 个月左右重新充放电一次以保持电池活性。

（四）储存和运输

1. 超过 10 天不使用电池，请将电池放电至 40%～65% 电量存放，可延长电池的使用寿命。如需将满电的电池放电，可以通过 DJI GO 4 APP 开启电池存储自放电模式（由满电放电至 65% 约需 3 天时间，放电过程中电池温度可能会升高，这属正常现象）。建议将电池存放在专用电池箱内。

2. 切勿将电池彻底放完电后长时间存储，以避免电池进入过放状态，造成电芯损坏，将无法恢复使用。

3. 若电池电量严重不足且闲置时间过长，电池将进入深度睡眠模式，若要将电池从深度睡眠中唤醒，需对电池充电。

4. 若需要长期存放则需将电池从飞行器内取出。

（五）旅行运输中的注意事项

务必在通风干燥处存放智能飞行电池。